Je découvre les minéraux

AF859331

CHEZ LE MEME EDITEUR

(*OUVRAGES PARUS OU A PARAITRE*)

Collection *"Agir et connaître"*
Coordonnateur Gérard Germain

- *Je fais mon herbier,* par R. Schweitzer
- *Je m'oriente sans difficulté,* par H. Demange, G. Germain et M. Notin
- *Je cueille des champignons sans danger,* par H. Demange, G. Germain et M. Notin
- *Je fais mon éducation écologique,* par J. Dejean-Arrecgros
- *Je reconnais les arbres,* par M. Becker, J.-F. Picard et J. Timbal
- *Je reconnais les insectes* (2 volumes), par J.-C. Pihan
- *Je reconnais les oiseaux,* par M. Ribette
- *Je reconnais les champignons* (2 volumes), par H. Demange, G. Germain et M. Notin
- *Je découvre les poissons marins,* volume 1 : A la pêche, par P. Bougis
- *Je découvre les coquillages,* par J.-B. Lozet et J. Dejean-Arrecgros
- *Je découvre les animaux sauvages*, par Zoo de Haye-G.E.C.NA.L
- *Je découvre les algues marines et d'eau douce,* par J. Dejean-Arrecgros et J.F. Pierre.

- *Je découvre les fossiles*, par J.-C Fischer et Y. Gayrard-Valy
- *Je découvre la géologie,* par O. Horon

Collection *"Connaître et comprendre"*
Coordonnateur Gérard Germain.

- Energie : *le défi nucléaire,* par M. Felden
- *Fumeurs en question ?* par P. Coudray et P. Freour
- *Nos animaux disparaissent,* par Zoo de Haye.G.E.C.NA.L

Hors collection

- *Et si j'allais vivre à la campagne,* par Y. Negre.

Je découvre les minéraux

COLLECTION AGIR ET CONNAITRE

Coordonnateur G. Germain

Henri Jean Schubnel

Directeur de la Revue
de Gemmologie,
Maître-assistant
au Muséum

André Leson

10, rue de l'Eperon Paris 6e

En couverture :

Recto : Aurichalcite (touffes de cristaux aciculaires) : Yanga-Koubanza, République du Congo.

Verso : Torbernite sur Francevillite : Mounana, Gabon.

Origine des photographies

C. Collard – H.J. Schubnel : 1 – 3 – 4 – 5 – 10 – 11 – 12 – 13 – 15 à 25 – 27 – 28 – 29 – 31

Muséum National d'Histoire Naturelle : 6 – 30 – 32

Ecole Nationale Supérieure des Mines : 2 – 8 – 26*

J.F. Sirakian : 14

Salon des Minéraux : 7 – 9

* offert par C. Bevilacqua

Tous droits de traduction, d'adaptation et de reproduction par tous procédés réservés pour tous pays.
La loi du 11 mars 1957 n'autorisant aux termes des alinéas 2 et 3 de l'article 41, d'une part, que les «copies ou reproduction strictement réservées à l'usage privé du copiste et non destinées à une utilisation collective» et, d'autre part, que les analyses et les courtes citations dans un but d'exemple et d'illustration, «toute représentation et reproduction intégrale ou partielle, faite sans le consentement de l'auteur ou de ses ayants droit ou ayants cause, est illicite» (alinéa 1er de l'article 40).
Cette représentation ou reproduction, par quelque procédé que ce soit, constituerait donc une contrefaçon sanctionnée par les articles 425 et suivants du Code pénal.

© A. Lesot, Paris, 1978
ISBN 2-239-10040-0
ISSN 0-398-9046
Imprimé en France

Table des matières

Pages

OUVRAGES DU MEME AUTEUR

– Aux Presses Universitaires de France ("Que sais-je ? ").
Les pierres précieuses, 4e édition, 1976.

– Aux Editions Grange Batelière.
Pierres précieuses, gemmes et pierres dures, 1968. Traduit en italien, anglais et allemand.

– Aux Editions du Bureau de Recherches Géologiques et Minières.
Carte des principaux gisements mondiaux de pierres précieuses et autres gemmes, 1969. Traduit en anglais et allemand.

– Aux Editions de l'Istituto Geographico de Agostini, Novara.
Rocce e minerali, 1970, vol. 1 (en collaboration).

– Aux Editions Horizons de France.
Pierres précieuses dans le monde, 1972.

Avant-propos

Ce petit livre s'adresse aux amateurs intéressés par l'un des plus beaux aspects des sciences de la terre : la découverte des merveilles du monde minéral. Il s'adresse aussi aux collectionneurs débutants afin de les aider à commencer une collection comportant les espèces minérales les plus classiques et, dans une certaine mesure, les inciter à "comprendre la signification culturelle" d'un passe-temps agréable qui, s'ils le veulent bien, leur ouvrira des horizons insoupçonnés.

A l'opposé des spéculateurs et des accumulateurs d'objets qui ne font guère de différence entre les minéraux, les tessons de bouteille roulés trouvés sur les plages ou morceaux de béton ramassés en bordure des routes, existe une race de collectionneurs qui "préfèrent donner un sens à leur collection", ce qui permet d'accéder après des années de pratique à un niveau de culture scientifique très élevé.

On a bien voulu accuser les amateurs d'avoir pillé en surface un grand nombre de gisements mais on passe volontier sous silence que 80 % des nouvelles occurrences de minéraux ont été découvertes par eux à l'occasion de leurs promenades hebdomadaires ou de leurs vacances annuelles.

En un sens, le problème de conservation des espèces minérales est assez différent des préoccupations des écologistes qui préservent les espèces vivantes dans leur milieu, et les parallèles sont quelquefois difficiles à établir.

Souvenons nous que c'est grâce à l'existence de nombreuses collections privées à la fin du XVIIIe siècle et au XIXe que de si nombreux minéraux de grands gisements métallifères d'Europe maintenant épuisés nous sont parvenus, car les beaux minéraux sont rares et il est absolument nécessaire de les préserver de la destruction. Certaines espèces minérales n'ont été rencontrées qu'en un seul lieu du globe et n'ont jamais plus été retrouvées. D'autres forment des roches extrêmement répandues mais ne se présentent que rarement en cristaux bien développés. Toujours est-il que les cristaux limpides ou colorés aux faces lisses sont exceptionnels, architectures naturelles aux formes polyédriques ce sont les fleurs de pierre du règne minéral. Bien que réputés les plus durables des merveilles de la terre, ces individus sont uniques et ne se reproduisant pas comme les espèces végétales et animales. Corrodés, dissous, fêlés, cassés ou désagrégés, leur disparition est toujours une perte irrémédiable et aussi grave sur le plan scientifique que l'extinction d'une espèce vivante.

S'il existe des millions d'espèces vivantes sur notre terre, la croûte terrestre ne renferme que 2 500 espèces minérales dont un millier ne sont connues que de quelques dizaines de spécialistes dans le monde, ce qui est bien peu pour l'étude systématique et la préservation des espèces du règne minéral.

On ne dira jamais assez que plus de 1 200 espèces minérales se rencontrent dans les zones d'oxydation des gisements métalliques d'où elles ne sont extraites que pour être broyées, tamisées, rejetées comme "stériles" ou dissoutes, grillées ou fondues comme "minerai" afin d'en extraire le métal recherché. De plus, des centaines d'espèces sont fragiles ou instables. Extraites de leur cadre naturel, elles ne doivent leur préservation qu'à l'intervention d'un spécialiste ou d'un amateur éclairé qui a su les récolter rapidement, avec précaution, entre deux tirs de mines en galerie ou en carrière, ou entre deux pluies, pour les cristaux solubles qui se forment sur les fumerolles *volcaniques et les* évaporites *(halogénures, sulfates etc.). Si de trop rares organismes scientifiques ont pu faire protéger "in situ" quelques minéraux ou fossiles exceptionnels pour leur grosseur (tronc d'arbres agatisés de l'Arizona,* pegmatites *à beaux cristaux gemmes de l'Oural, etc.), la préservation du plus grand nombre de beaux minéraux est le fait du million de collectionneurs qui les recherchent aujourd'hui dans le Monde entier.*

En créant un marché du "spécimen minéralogique", ce million de collectionneurs de toutes nationalités – toujours à l'affût de pièces rares, belles ou spectaculaires qu'ils collectent eux-mêmes ou achètent, échangent, vendent ou rééchangent – ont en fait largement contribué à préserver une grande quantité de minéraux bien cristallisés qui, sans eux, auraient été irrémédiablement détruits entre les mâchoires des concasseurs ou sous les rouleaux compresseurs.

Doté d'une valeur marchande, le minéral bien individualisé – surtout le cristal parfait – est maintenant souvent mis de côté par le mineur de fond. Comme nous ne voulons pas entrer dans le détail du "commerce des minéraux" et ses multiples aspects, constatons seulement qu'après quelques péripéties les plus beaux exemplaires finissent presque toujours par venir dans les collections publiques.

Les plus grands musées du Monde étant surtout constitués par les legs ou donations de collections privées, il faut se souvenir de tous les grands mécènes de la Minéralogie qui ont passionnément consacré une grande partie de leur temps et de leur fortune pour constituer de fabuleuses collections qu'ils ont offertes à la fin de leur vie à leur pays ; ceux-là même dont les minéralogistes reconnaissants ont immortalisé la mémoire en leur dédiant des espèces minérales qui portent leur nom, telles les canfieldite, roeblingite, sjögrenite, morganite, russelite et vésigniéite.

Considérablement enrichis par ces mécènes, les grands musées de Londres, Washington, Paris, Harward, Freiberg et autres sont devenus, en deux ou trois siècles, les plus grands conservatoires des espèces du règne minéral où des centaines de milliers d'objets minéralogiques sont préser-

vés pour les générations futures. L'une des vocations primordiales de ces musées est d'enseigner par l'exemple, l'Histoire Naturelle des minéraux au plus grand nombre de visiteurs.

Pour bien collectionner

Une bonne habitude à prendre dès le départ

La règle la plus importante que doit observer tout collectionneur est de toujours noter les localités précises des minéraux qu'il trouve.

Chaque minéral qui entre dans sa collection devra *toujours* être accompagné d'une étiquette où sont notés :

a) le nom du minéral (et le cas échéant de la variété),

b) suivi du nom de la mine ou du lieu-dit.

c) de la commune ou de son équivalent (comté, district pour l'Etranger).

d) du département, de la province, ou de la région.

e) et enfin du nom du pays.

Exemple :

QUARTZ
Cristal de Roche
Mine de la Gardette
Bourg d'Oisans
Isère FRANCE

Certains collectionneurs chevronnés tiennent un catalogue d'entrée des pièces qu'ils gardent définitivement. Chaque échantillon est numéroté sur le dessous, le numéro d'entrées est reporté également sur l'étiquette. D'autres tiennent un fichier où sont annotés tous les renseignements concernant chaque pièce avec les détails concernant le gisement qu'ils ont visité où s'est rencontré le minéral, et ses particularités (forme, dimension, minéraux accompagnateurs, formule chimique, test d'identification, prix d'achat etc.).

Un conseil

Toujours conserver les anciennes étiquettes du minéral, surtout s'il a été échangé à un musée ou provient du fonds d'une vieille collection.

Par quoi commencer ?

La plupart des collectionneurs commencent par constituer une collection générale, puis ayant acquis une certaine expérience au contact d'autres collectionneurs et lors des visites des expositions et musées publics, finissent par orienter leur collection selon leur préférence : cristaux isolés – minéraux contenant un élément particulier (minerai de cuivre, d'or etc.) – minéraux d'une région (Alpes, Massif Central etc.) – minéraux gemmes etc.

Il va de soi que quelques bons livres classiques sont indispensables à tous ceux qui veulent approfondir l'Histoire Naturelle des Minéraux.

Si la lecture d'un chapitre sur l'optique cristalline ou sur le calcul cristallographique épouvante (dans un premier temps) le lecteur moyen qui ouvre un traité de minéralogie, il faut quand même préciser que ces traités comportent presque toujours une partie descriptive immédiatement assimilable par les collectionneurs amateurs.

Au fil des années, le langage scientifique leur deviendra familier et la lecture des formules structurales chimiques et des indices de notation des faces cristallines finiront par leur devenir d'un emploi courant. La Minéralogie est la science qui porte en elle la plus grande culture pluridisciplinaire car elle est située aux frontières des Sciences physiques, de l'Histoire Naturelle, de la Chimie et, par le biais de l'étude des minéraux gemmes, de l'Archéologie et de l'Histoire de l'Art et des Techniques. A côté de la collection doit exister une petite bibliothèque comportant les ouvrages de base les plus sérieux, le goût iconographique conduisant quelquefois à photographier soi-même les échantillons les plus "photogéniques". Le chapitre suivant nous apprendra ce qu'ils sont.

Qu'est-ce qu'un beau minéral ?

Nous serions tentés de dire que tout minéral qui présente nettement les caractéristiques de son espèce est un bel échantillon. Mais, quand il y a sur le marché une abondance relative d'échantillons du même type, on arrive, inévitablement, à les classer par qualité de : couleur, transparence, ou de forme. Pour la majorité des collectionneurs possédant un espace de rangement restreint, l'exemplaire idéal doit : pouvoir se placer aisément dans un tiroir (5 x 8 cm environ) ; être constitué par quelques cristaux parfaits de l'espèce reposant sur un peu de roche matrice ; les cristaux étant intacts, c'est à dire faces non rayées, arêtes non égrisées et terminaison parfaitement nette.

Les cristaux gemmes devront être d'une transparence maximale, et leurs faces, nettes de tout dépôt parasite ou altération qui enlèverait l'aspect glacé du poli naturel. Cependant quelques cristaux pénétrés d'inclusions particulières forment des variétés très recherchées en raison de leur aspect séduisant (certaines variétés du quartz).

Le domaine de la couleur est subjectif et affaire de goût personnel, les teintes homogènes étant presque toujours préférées aux inégalités de coloration, sauf pour certaines espèces présentant des zones de couleur contrastées dans la même pierre (tourmalines, agates, etc.).

Les spécimens minéralogiques montrant une association de plusieurs espèces bien individualisées – surtout de couleurs différentes – sont très recherchés par les amateurs photographes qui auront trop tendance à choisir des modèles microscopiques, les cristaux inférieurs au millimètre étant souvent parfaits. Malheureusement, cet aspect iconographique "joli et séduisant" de la microminéralogie fausse tout à fait le jugement de quelques amateurs qui délaissent 99 % des espèces parce qu'elles ne sont pas assez "esthétiques" reportant leur choix sur les minéraux vivement colorés. Dans le domaine des objets, un parallèle intéressant peut être établi entre les antiquaires-décorateurs soucieux de l'effet produit, et les archéologues qui s'attachent plus au contenu culturel que l'objet ancien porte en lui-même. Le décalage de vérité iconographique entre une jolie microphotographie et l'aspect véritable des minéraux centimétriques contenus dans la plupart des collections est tel, que nous avons préféré choisir pour illustrer la plupart de nos planches couleurs, des minéraux provenant de collections privées tout à fait moyennes (dimensions comprises entre 4 et 8 cm).

Comment conserver les minéraux ?

Après les avoir extraits de leur gîte et transportés avec le plus grand soin, l'idéal, si l'on n'expose pas les minéraux en vitrine, est de les placer en tiroirs dans des cuvettes en carton. Ces dernières sont préférables aux boîtes métalliques ou en matière plastique rigide contre les parois desquelles les minéraux fragiles et les pointes de bien des cristaux se brisent. Les tout petits cristaux peuvent être conservés dans des tubes de verre à condition de ne jamais les secouer.

Tout transport d'échantillons comporte des risques de détérioration et les emballages devront être soignés comme ceux de la verrerie fragile. En règle générale, ne pas laisser manipuler les minéraux par de non-initiés.

Certains minéraux sont sensibles à l'humidité et doivent être conservés à l'abri de l'air tels certains chlorures, nitrates et sulfates . . . on pourra, soit les recouvrir d'un vernis incolore, soit les placer dans des récipients hermétiquement clos (cristallisoir, boîte en matière plastique transparente, en prenant soin de les caler dans le fond par un peu de paraffine). D'autres minéraux sont sensibles à la lumière, noircissant ou se décolorant et doivent être conservés dans l'obscurité : argents rouges, halogénures d'argent, topazes fumées etc.

Valeur des minéraux

Les minéraux les plus chers sont les pierres précieuses de qualité, les gemmes, les métaux précieux et leurs composés. Il est bien évident que la valeur de minéraux communs tels que : gypse, calcite, quartz, pyrite, etc. dont on a déjà extrait des millions de tonnes à travers le monde n'ont pas de valeur "intrinsèque" bien élevée. Les minéraux que l'on vous dit "rares" et "uniques", le seront peut-être moins un an après et il convient de se renseigner avant de payer un minéral un prix très élevé.

Une collection pour l'enseignement

Si nous devions choisir 16 minéraux pour initier des enfants à la "minéralogie pratique" il existerait bien sûr un grand nombre de combinaisons possibles pour un nombre aussi restreint. Il suffit pour s'en rendre compte de compulser les catalogues des fabricants d'équipement scolaire scientifique (ex : Pierron – 57 Sarreguemines) qui proposent à des prix très abordables des collections présentées en boîtes ou en coffrets. A titre indicatif nous suggérons les 16 minéraux suivants parmi les plus classiques et les plus utilisés :

– Tout d'abord les 7 premiers degrés de l'échelle de dureté de Mohs :

Minéral		*Utilisation*
Talc	1	pharmacie, textiles, papeterie, chimie . . .
Gypse	2	plâtres, ciments . . .
Calcite	3	constructions etc . . .
Fluorite	4	fondants pour les aciéries, chimie . . .
Apatite	5	phosphates pour l'agriculture etc . . .
Orthose	6	industries verrières et céramiques . . .
Quartz	7	industries diverses, gemmologie . . .

à ces 7 minéraux, nous ajoutons le sel gemme (Halite) parce que indispensable pour l'alimentation et pour sa grande utilisation en chimie, et les 8 "minerais" suivants :

Hématite	Minerai de fer
Chalcopyrite	Minerai de cuivre
Smithsonite	Minerai de zinc
Cassitérite	Minerai d'étain
Bauxite	Minerai d'aluminium
Galène	Minerai de plomb
Pyrite	Minerai de soufre (1)
Autunite	Minerai d'uranium (2)

Aspect des minéraux

Certains minéraux, par leur forme, leur couleur, et leur éclat se reconnaissent immédiatement. Ainsi grâce à leurs caractères extérieurs, les cristaux de pyrite, de crocoïte, de soufre, pour n'en nommer que quelques uns, sont aisément reconnaissables. Beaucoup d'autres minéraux ont un faciès très particulier, certains sont feuilletés (micas), lamellaires (= avec un aspect de lamelles toutes empilées dans le même sens), fibreux (= en agrégats de cristaux

(1) Employé pour la préparation de l'acide sulfurique.

(2) Ceux qui ont peur de la "radioactivité" se contenteront d'un petit fragment qu'ils placeront dans un tube de verre . . .

très minces), fibro-radiés (= fibres rayonnantes à partir d'un centre), mamelonnés, botryoïdaux (= en forme de grappe), réniformes (= en forme de rein), globuleux, arborescents (= en forme d'arbre), dendritiques (= ramifiés comme un arbuste).

Les cristaux peuvent s'assembler irrégulièrement en s'enchevêtrant, ou se juxtaposer régulièrement selon des lois bien définies (macles) soit par une face (macle par contact) soit en s'interpénétrant (macle par interpénétration).

Les formes des cristaux dérivent toutes des 7 formes primitives des 7 systèmes cristallins (voir plus loin) par troncature des faces ou des arêtes des "solides primitifs". Ainsi, dans le système cubique dont le primitif est un cube, on obtient un octaèdre par la troncature des huit sommets de ce cube (= huit triangles) et on obtient un dodécaèdre par la troncature de ces douzes arêtes (= douze losanges) toutes ces formes peuvent se combiner en même temps (cubo-octaèdre avec faces du dodécaèdre) pour donner des cristaux avec de nombreuses faces naturelles. Bien souvent il est nécessaire de recourir à l'emploi d'un goniomètre pour mesurer les angles et ainsi de retrouver les éléments de symétrie d'un cristal afin d'identifier le système cristallin auquel il appartient.

Couleur et éclat des minéraux

Certains minéraux ont une couleur qui leur est propre (malachite, azurite). D'autres sont naturellement incolores mais peuvent se présenter sous une gamme étendue de couleurs avec une infinité de nuances allant parfois jusqu'au noir (quartz, tourmaline, béryl) sous l'effet de la présence de certains éléments dits "chromophores". L'éclat des minéraux dépend de leur pouvoir réflecteur, il est qualifié de vitreux ou d'adamantin s'il rappelle l'éclat du verre ou du diamant pour les minéraux transparents. L'éclat métallique (cuivre, or, argent etc.) s'observe aussi pour des minéraux opaques du groupe des sulfures, arséniures, et pour quelques oxydes (hématite, etc.).

Où trouver les minéraux ?

En haute montagne, quand dix mille collectionneurs ne sont pas déjà passés avant vous. Mais surtout dans les mines en exploitation et leur déblais (parfois fouillés depuis un siècle). Trouver soi-même des minéraux devient de plus en plus difficile car... ils ne se reproduisent pas ! On peut s'en rendre compte en constatant que la plupart des minéraux en vente dans le commerce proviennent de contrées lointaines, les gisements de l'Europe ayant été à peu près épuisés par des siècles d'exploitation. Rappelons que les grottes font l'objet d'une protection particulière et qu'il est absolument interdit d'y prélever quoi que ce soit. Il en est de même de certaines mines anciennes grillagées par leur propriétaire. En Suisse, la recherche des minéraux est règlementée (licence).

Nous donnons sous toute réserve une courte liste où il est encore possible de trouver des minéraux en demandant, bien sûr, l'autorisation aux propriétaires des terrains ou aux directions des concessions minières :

Bretagne

Staurolite, Coray, Sud Finistère.
Glaucophane et *silicates,* Ile de Groix, Morbihan.

Pyrénées

Axinite, épidote et *silicates,* Arbizon, Hautes-Pyrénées.
Aragonite, Bastennes, Landes.

Pas de Calais

Marcassite dans la Craie du Cap Blanc-Nez.

Bassin Parisien

Gypse dans les carrières (Cormeil en Parisis etc.).

Massif Central

Baryte, Côte d'Abbot, Puy-de-Dôme.
Orthose, Four la Brouque, Puy-de-Dôme.

Péridot, Puy-du-Roi, Puy-de-Dôme.
Fluorite, dans plusieurs mines (Le Beix, Langeac, Peyrebrune, etc.).

Alpes et Sud-Est

Sidérite et quartz, Allevard, Isère.
Azurite, Cuprite, Malachite, Chessy, Rhône (sur les vieilles haldes).
Gypse, Mazan, Vaucluse.
Fluorite rose, quartz, Massif du Mont-Blanc (avec beaucoup de chance).
Azurite, olivénite et autres minéraux de cuivre, La Garonne, Var.

Où voir les minéraux

Paris – Galerie de Minéralogie du Muséum National d'Histoire Naturelle.
– Musée de l'Ecole Nationale Supérieure des Mines.
– Collection de la faculté des Sciences de Paris VI.

Strasbourg – Collection de la Faculté des Sciences.

Lyon – Musée d'Histoire Naturelle (Musée Guimet).

Nantes – Muséum d'Histoire Naturelle.

Grenoble – Muséum d'Histoire Naturelle.

Saint-Etienne – Collection de l'Ecole des Mines.

Alès – Collection de l'Ecole des Mines.

Bruxelles – Collection de l'Université Libre.

Tervuren – Musée de l'Afrique Centrale.

Genève – Muséum d'Histoire Naturelle.

Berne – Collection de l'Institut de Minéralogie.
– Muséum d'Histoire Naturelle.

Fribourg – Muséum d'Histoire Naturelle.

Zurich – Collection de l'Institut Polytechnique.

Revues de Minéralogie

– Bulletin de Minéralogie.

– Le Monde et les Minéraux.

– Minéraux et Fossiles.

– Revue de Gemmologie.

Clubs de minéralogie

Paris – Société Française de Minéralogie et cristallographie : 4, place Jussieu , Tour 16, 2e étage – Paris 75005.
– Les Cristalliers de France : 9, Square Rouget de l'Isle – Garges 95140.
– Les Amis de la Minéralogie du Muséum : 36, rue Geoffroy Saint-Hilaire – Paris 75005.

Angers – Club de Minéralogie : 12, place Jules Verne – 49000.

Bourg d'Oisan – Club de Minéralogie : Syndicat d'Initiative de Bourg d'Oisan – Isère.

Chamonix – Club de Minéralogie : Maison des Jeunes et de la Culture – 74400.

Clamart – Club de Minéralogie : 35, rue des Coquelicots 92140.

Colmar – Club de Minéralogie : 6, rue Henry Wilhelm.

Longemer – Club de Minéralogie de la Moineaudière : Xonrupt / Longemer 88400.

Millau – Club de Minéralogie et de Géologie : 7, place du Mandarons 12100.

Nancy – Les Amis des Sciences de la Terre : 135 bis, rue Saint Dizier 54000.

Réalmont – Association des Amis des Roches, Minéraux, Fossiles : Café du Centre 81120.

Reims – Club de Minéralogie : 19, rue de Bethléem 51000.

Saint-Nazaire – Club de Minéralogie : 131, rue d'Anjou 44600.

Sainte-Marie aux Mines – Club de Minéralogie : 70, rue Wilson.

Strasbourg – Les Amis de la Minéralogie : 39, rue de Banbronn 67200.

Tarbes – Club de Minéralogie : 22, rue de la Fontaine 65320. Bordènes sur Echez.

Comment reconnaître les minéraux ?

Il n'est pas possible en dehors d'un laboratoire de reconnaître toutes les espèces minérales. Cependant un certain nombre de celles-ci, parmi les plus connues, peuvent être reconnues grâce à quelques tests simples : observation de la solubilité dans les acides, de la fusibilité, du clivage (propriété qu'ont certains cristaux de se laisser diviser en lames suivant des plans privilégiés) et surtout la dureté et la densité.

La dureté

La dureté est la résistance à la rayure qu'oppose la structure intime des corps à tout ce qui peut entamer mécaniquement leur surface. La dureté relative des minéraux, déjà connue des Grecs de l'Antiquité, est devenue un test classique de reconnaissance des minéraux grâce à Mohs. C'est en 1822, que celui-ci a établi une échelle comparative des duretés relatives pour les dix minéraux suivants :

	1 = Talc (le plus tendre)
rayé par	2 = Gypse
”	3 = Calcite
”	4 = Fluorite
”	5 = Apatite
”	6 = Orthose
”	7 = Quartz
”	8 = Topaze
”	9 = Corindon
”	10 = Diamant (le plus dur)

Suivant cette échelle, un minéral qui raye la fluorite (4) mais qui est rayé par l'apatite (5) aurait une dureté intermédiaire entre 4 et 5 c'est à dire 4 1/2.

La densité

La densité est une propriété importante des minéraux. C'est le rapport du poids d'un corps au poids d'un même volume d'eau, constante caractéristique qui dépend de sa composition chimique et de sa structure atomique. Lorsque l'on indique par exemple que l'orthose a une densité de 2,56 cela signifie qu'un centimètre cube d'orthose pèse 2,56 g et qu'un décimètre cube pèse 2,56 kg. Bien que la mesure précise de la densité demeure une opération de laboratoire (balance hydrostatique), il existe un moyen fort simple d'évaluer rapidement la densité d'un minéral en opérant sur un petit cristal ou un fragment homogène de l'échantillon à tester. Celui-ci est immergé successivement dans des liqueurs de densité connue et sa densité sera comprise entre celle du liquide sur lequel il flotte (liquide plus dense que lui) et celle du liquide dans lequel il s'enfonce lentement (liquide un peu moins dense que lui). Les deux liquides les plus employés sont : le bromoforme (2,90) et l'iodure de méthylène (diiodométhane 3,30) que l'on peut diluer avec le monobromonaphtalène qui est stable. Ainsi un fragment de quartz (2,65) s'enfoncera dans un liquide dilué à 2,60 de densité et flottera dans un autre moins dilué et donc un peu plus dense (2,70).

Les cristaux et les 7 systèmes cristallins

Tout corps matériel est formé d'atomes. Un minéral étant un composé chimique de formation naturelle, solide et homogène en tous ses points, il peut-être : soit amorphe (sans forme) comme l'opale, soit cristallisé comme la plupart des minéraux, c'est à dire que les atomes qui entrent dans leur composition sont régulièrement répartis et orientés dans l'espace en fonction de leurs forces de liaisons. On nomme "structure cristalline" cette répartition périodique des atomes dans le minéral qui présentera souvent l'aspect extérieur d'un cristal : "solide limité par des faces géométriques" ou plus exactement présentant la forme d'un polyèdre plus ou moins régulier. Une structure cristalline se définit à l'aide de sa "maille cristalline" et on nomme "paramètres" de la maille cristalline les dimensions des arêtes du parallélépipède de base représentant cette maille et les angles formés par les trois arêtes de ce parallélépipède.

De même que la décoration d'un papier peint est constituée par la répétition à intervalle régulier d'un même motif décoratif, toute structure cristalline est formée par la répétition d'une maille parallélépipédique. L'empilement dans l'espace de tous les parallélépipèdes juxtaposés forme le "réseau" de la structure, toutes les arêtes de ces parallélépipèdes empilés étant alignées parallèlement aux trois directions (ou axes) de ce réseau.

Citons pour mémoire qu'il existe 14 types de mailles selon que les parallélépipèdes possèdent ou non un atome à leur centre ou au centre de leurs bases ou de leurs faces, et qu'il existe pour les cristaux 32 classes de symétrie.

Le tableau ci-dessous montre les 7 systèmes cristallins et le parallélépipède qui matérialise chacun d'entre-eux (cube, prisme quadratique etc.).

Les sept systèmes cristallins

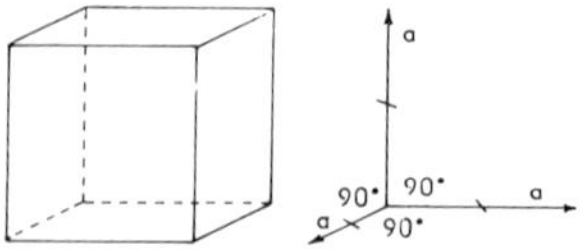

Le système *cubique* possède trois paramètres orthogonaux égaux, le solide primitif est un cube.

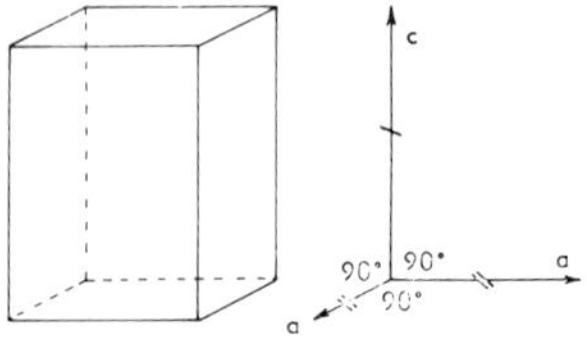

Le système *quadratique* possède deux paramètres égaux différents du troisième et trois angles de 90°, le solide primitif est un prisme quadratique.

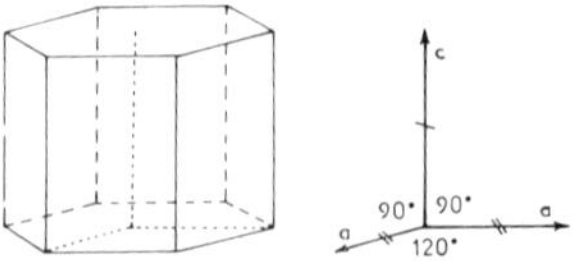

Le système *hexagonal* possède deux paramètres égaux formant entre eux un angle de 120° situé dans un plan perpendiculaire au troisième paramètre qui est différent des deux autres, le solide primitif est un prisme hexagonal.

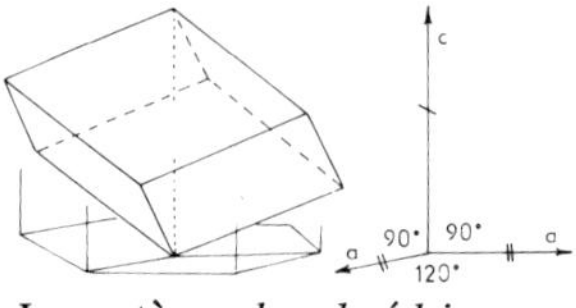

Le système *rhomboédrique* possède trois paramètres égaux formant trois angles égaux différents de 90° (autrement dit, le rhomboèdre serait un cube déformé, étiré ou aplati, suivant un axe ternaire), le solide primitif est un rhomboèdre. Pour la commodité des calculs, on utilise à présent les notations du système hexagonal.

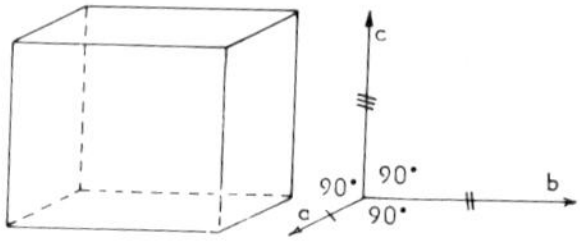

Le système *orthorhombique* possède trois paramètres inégaux et trois angles de 90°, le solide primitif est un prisme orthorhombique.

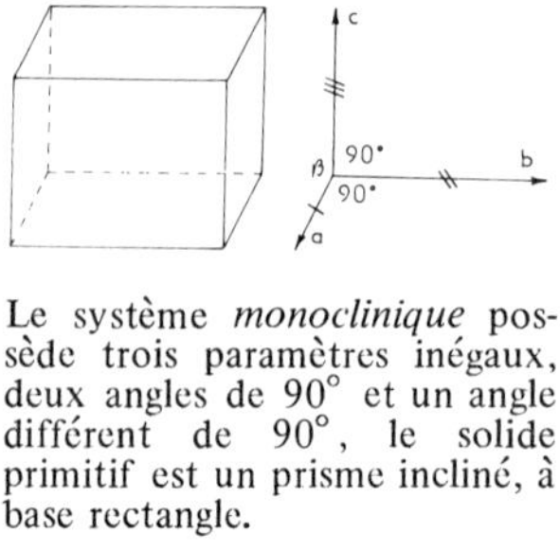

Le système *monoclinique* possède trois paramètres inégaux, deux angles de 90° et un angle différent de 90°, le solide primitif est un prisme incliné, à base rectangle.

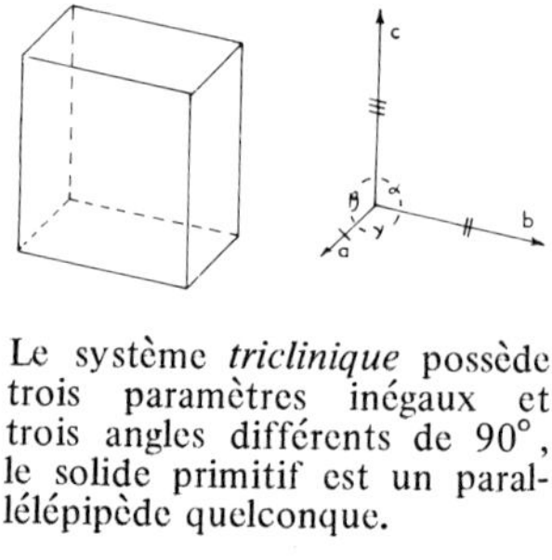

Le système *triclinique* possède trois paramètres inégaux et trois angles différents de 90°, le solide primitif est un parallélépipède quelconque.

Description des minéraux

Classification des minéraux

La classification la plus utilisée est celle qui tient compte de la formule cristallochimique des minéraux (composition chimique et maille cristalline). Ceux-ci sont classés en 9 groupes principaux en commençant par les métaux et les métalloïdes à l'état natif, puis les combinaisons sans oxygène (sulfures, halogénures) puis les oxydes et oxysels (des carbonates aux silicates) en allant des combinaisons les plus simples aux combinaisons les plus complexes avec l'oxygène. Voici les 8 classes de la classification cristallochimique des minéraux la 9e étant un appendice regroupant les minéraux organiques :

I – Corps simples à l'état natif
II – Sulfures, arséniures, antimoniures
III – Halogénures
IV – Oxydes et hydroxydes
V – Carbonates et nitrates
VI – Sulfates, chromates, malybdates
VII – Phosphates, arséniates, vanadates
VIII – Silicates
IX – Minéraux organiques.

Corps natifs

CUIVRE

Cu cubique

Premier métal utilisé par l'homme, le cuivre à l'état natif se présente en pépites, en agrégats dendritiques, en masses lamellaires ou à contours déchiquetés. Plus rarement en cristaux, ceux-ci ont des formes dérivées du cube et comportent des combinaisons de faces cubiques et octaèdriques le plus souvent.

Gisements : Dans les zones d'oxydation des gites de sulfures de cuivre associé à la chalcocite, la cuprite, la malachite. Les plus beaux spécimens cristallisés proviennent des rives du Lac Supérieur. Quelques localités de l'Oural ont produit des formations dendritiques très recherchées pour les collections ; à Corocoro, en Bolivie, le cuivre pseudomorphose (remplace en gardant la forme) des cristaux d'aragonite et se présente en prismes à 6 côtés montrant souvent des faces concaves.

Signes distinctifs : La couleur rouge "cuivre" si caractéristique de la rayure. Forte densité = 8,95. Dureté 2 1/2 à 3. Ductile, malléable. Bon conducteur de l'électricité et de la chaleur. Soluble dans l'acide nitrique. Donne une solution bleue avec l'ammoniaque.

ARGENT

→ fig. 1, p. 33

Ag cubique

Ce métal très recherché depuis l'Antiquité se rencontre à l'état natif en feuilles, lames, pépites ou masses irrégulières, également en filaments et dendrites, formant des triangles équilatéraux. Les cristaux sont rares et leurs formes sont assez semblables à celle du cuivre ou de l'or (cube, octaèdre et dérivés).

Gisements : Dans les filons associé à l'argentite et la calcite. Dans les zones d'oxydation par réduction des sulfoarséniures ou antimoniures d'argent (argents rouges). Les meilleures pièces de collection proviennent des mines de Kongsberg, Norvège ; de Valenciana et Zacatécas au Mexique. D'autres pièces de collection intéressantes ont été rencontrées à Cobrizos, Bolivie ; Copiapo et Charnacillo, Chili ; et associé au cuivre au Lac Supérieur.

Signes distinctifs : La couleur blanc "argent" si caractéristique de la rayure. Forte densité = 10,5. Dureté = 2 1/2 à 3. Ductile, malléable. Très bon conducteur de l'électricité et de la chaleur. Il se distingue du platine par une densité moins forte. Les sulfures sectiles de couleur approchante ont une densité moins élevée que celle de l'argent métallique.

OR

Au — cubique

Depuis plusieurs millénaires, l'or est le métal le plus recherché pour sa beauté et sa valeur. Sa forme la plus connue à l'état natif est la traditionnelle pépite, mais il est le plus souvent en paillettes, plus rarement en dendrites, arborescences filiformes ou lamellaires. Ses cristaux sont assez rares et portent les faces du cube, de l'octaèdre et du dodécaèdre.

Gisements : Dans les filons de quartz associé à la pyrite et à d'autres sulfures, et souvent dans les alluvions (paillettes et pépites). L'or cristallisé vient de l'Oural, de Californie, d'Australie et de Roumanie.

Signes distinctifs : La couleur jaune “or” de la rayure est déjà très caractéristique. Très grande densité : 15 (alliage avec argent) à 19,3 (or pur). Dureté : 2 1/2 à 3. Très ductile et malléable. Bon conducteur de la chaleur et l'électricité. Inaltérable aux acides sauf à l'eau régale (acide nitrique + acide chlorhydrique).

L'électrum est l'alliage naturel d'or avec plus de 15 % d'argent. Sa couleur est plus pâle que celle de l'or pur.

PLATINE

Pt cubique

Ce métal se rencontre surtout à l'état natif sous forme de paillettes, grains ou pépites. Ses cristaux sont très rares et toujours très petits (cubes déformés).

Gisements : Dans des roches ultrabasiques magnésiennes associé à la chromite et dans les alluvions qui en dérivent. Les plus grandes pépites proviennent de Nijne-Taguilsk dans l'Oural, on le rencontre aussi à Sudbury au Canada ; et dans quelques gisements de Colombie, de Nouvelle Zélande et du Transvaal.

Signes distinctifs : Couleur gris acier à blanc. Très grande densité : jusqu'à 21,5. Ductile, malléable. Bon conducteur de la chaleur et de l'électricité. Il se distingue de l'argent et du fer par sa densité beaucoup plus grande et son inaltérabilité aux acides concentrés.

Les métaux de la famille du platine : Iridium, osmium, rhodium, etc., lui sont associés, soit à l'état d'alliage, soit sous la forme de composés rares en paillettes hexagonales. On les distingue aussi grâce à leur grande densité et leur inaltérabilité. Dureté : 6, ils sont un peu plus durs que le platine : 3 à 4 1/2.

ARSENIC

As rhomboédrique

Ses cristaux sont rares. Il se rencontre surtout à l'état natif en masses grenues ou écailleuses, ou en agrégats formant des couches concentriques à surface mamelonnée ou stalactitique.

Gisements : Dans les filons hydrothermaux associés à divers minéraux d'argent, cobalt et nickel. Les pièces de musées proviennent de Gabe-Gottes, Alsace ; Futlin, Japon ; Sacarimbu, Roumanie ; ainsi que de Bohême et du Piémont.

Signes distinctifs : L'éclat métallique blanc d'étain apparaissant sur la cassure se ternit rapidement. Densité : 5,7. Dureté : 3 1/2. Fragile et cassant. Au feu, il se volatilise sans fondre en dégageant une odeur d'ail.

DIAMANT

C cubique

Cette variété noble de carbone cristallisé est la plus connue des pierres précieuses. Les variétés noirâtres et grises sont très recherchées pour l'industrie. Les cristaux transparents sont le plus souvent taillés, l'octaèdre est fréquent, le cube également avec de nombreuses formes dérivées et parfois des faces courbes ou déformées.

Gisements : Dans les kimberlites (roches ultra-basiques) associé au pyrope et au chrome-diopside et dans les alluvions anciennes ou modernes qui dérivent de l'altération de ces kimberlites. Les plus grands gisements sont situés en Afrique du Sud, au Zaïre, en Sibérie, au Namibie, en Angola, au Sierra Léone, en Tanzanie, en Centre-Afrique, etc.

Signes distinctifs : Incolore ou diversement coloré avec un éclat vif dit “adamantin”. Densité : 3,52. Dureté : 10. Etant le plus dur des minéraux, il peut les rayer tous, ce qui permet de l’identifier immédiatement. Inattaquable aux acides, il est relativement fragile aux chocs par l’existence d’un clivage parfait octaèdrique qui est utilisé lors de sa taille.

SOUFRE

→ **fig. 2, p. 36**

S orthorhombique

Très recherché par les collectionneurs, ce métalloïde cristallise en prismes bipyramidaux ou tabulaires. Le plus souvent, on le rencontre en masses pulvérulentes, en stalactites (sur les volcans) ou en croûtes et agrégats de fibres.

Gisements : Dans les gisements sédimentaires gypseux associés à la célestine, à l’aragonite et au gypse, transparent. Fréquent en dépôts autour des fumerolles volcaniques.

Les plus beaux cristaux viennent de Sicile, de Romagne, Italie ; et de Kuibicher, U.R.S.S.. De grandes stalactites de soufre se forment sur les volcans actifs de Java.

Signes distinctifs : Le soufre brûle avec une flamme bleue en dégageant du gaz sulfureux dont l’odeur est très caractéristique. Jaune pâle à brun rouge. Densité faible : 2,07. Dureté 1 1/2 à 2. Cassant, fragile et mauvais conducteur de la chaleur. Si l’on veut le conserver longtemps en collection il faut lui éviter les brusques changements de température. La chaleur de la main suffit à faire claquer les cristaux.

Sulfures

CHALCOCITE

Cu_2S orthorhombique

Cet excellent minerai de cuivre (80 % de Cu) est massif compact et assez rare en cristaux, ceux-ci sont prismatiques, allongés ou tabulaires.

Gisements : Dans les zones de cémentations des gîtes de cuivre et quelques massifs dioritique appelés “porphyry-copper”. Les plus beaux cristaux ont été trouvés à Redruth en Cornouailles et à Bristol dans le Connecticut.

Signes distinctifs : Eclat métallique gris de plomb noirâtre. Densité : 5,5 à 5,8. Dureté : 2 1/2 à 3. Se distingue de la tétraèdrite et de la ténantite par sa sectibilité et sa malléabilité. Soluble dans l'acide nitrique.

BORNITE

Cu_5FeS_4 rhomboédrique

Bon minerai de cuivre compact recherché par les collectionneurs pour ses belles irisations pourpres violettes et bleues. Ses cristaux sont rares.

Gisements : En association avec la chalcocite dans les gisements de cuivre. De belles masses irisées proviennent d'Alban dans le Tarn. De grands cristaux ont été trouvés à Baraba, U.R.S.S.

Signes distinctifs : La cassure fraîche brun-rose à bronze jaune se ternit et s'irise assez rapidement. Densité : 5,07. Dureté : 3 ; fragile.

ARGENTITE

Ag_2S cubique

Instable en dessous de 180° C, l'argentite se transforme en *acanthite* en gardant les formes de l'argentite c'est à dire massive, réticulée, arborescente et en cristaux avec les faces du cube et de l'octaèdre.

Gisements : Important minerai d'argent (80 % d'argent) des gîtes filoniens à Nickel - Cobalt - Argent. Fréquent en *inclusion* dans la galène (dite argentifère). Les belles pièces de collection viennent de Charnacillo, Chili ; Freiberg, R.D.A. ; Jachymov, Tchécoslovaquie.

Signes distinctifs : L'éclat métallique gris de plomb de la rayure se ternit rapidement. Densité : 7,3. Dureté : 2 à 2 1/2. Très sectile.

SPHALERITE (BLENDE)

ZnS cubique

Le plus souvent en masses clivables ou grenues, ce minerai de zinc (Zn = 67 %) donne de très beaux cristaux riches de formes : tétraèdres, dodécaèdres, etc.

Gisements : Sulfure très répandu souvent associé à la galène et la pyrite dans les gîtes hydrothermaux et filoniens. D'excellentes pièces de collection viennent de Tepca, Yougoslavie ; Alston-Moor, Angleterre ; et des mines du Missouri et du Kansas, Etats-Unis.

Signes distinctifs : C'est l'un des rares sulfures transparents, sa couleur va de l'incolore au noir sans éclat métallique (opaque avec forte teneur en fer), du jaune au vert, du jaune-miel au rouge-brun. Densité : 4,1. Dureté : 3 1/2 à 4. Son clivage et sa transparence le distinguent des autres sulfures.

1 – Argent : Kongsberg, Norvège.

La *marmatite* est une blende noire contenant plus de 10 % de fer.

CHALCOPYRITE

$CuFeS_2$ quadratique

C'est le minerai de cuivre le plus répandu. Compacte, botryoïdale ou réniforme, la chalcopyrite se présente plus rarement en cristaux.

Gisements : Elle se rencontre dans de nombreux types de gisements. De beaux cristaux associés au quartz filonien viennent des anciennes mines de la Gardette, Isère ; de Ugo, Japon ; de Sainte-Agnès, Cornouailles ; de Baïa Mare, Roumanie.

Signes distinctifs : Eclat métallique jaune citron s'irisant à la longue. Densité : 4,2. Dureté : 3 1/2 à 4. Fragile, soluble dans l'acide nitrique, elle se distingue de la pyrite par sa dureté moindre.

TENANTITE ET TETRAEDRITE (cuivres gris)

$Cu_3AsS_{3,25}$ et $Cu_3SbS_{3,25}$ cubiques

Ces deux espèces sont voisines. Le minerai est grenu, les cristaux sont fréquents en tétraèdres, plus rares en dodécaèdres.

Gisements : Associées avec des sulfures de plomb, zinc, cuivre, argent, dans les filons. Les plus beaux cristaux viennent de Tsumeb, Namibie ; Zacatécas, Mexique ; Mouzaïa, Algérie. Les mines françaises de Cabrière, Hérault ; et Irazein, Ariège ont autrefois produit de splendides pièces de collection.

Signes distinctifs : Eclat métallique gris acier à noir de fer souvent brillant. Dureté : 3 (tétraêdrite) à 4 1/2 (ténantite). Densité : 4,6 à 5,1. Fragiles, elles se distinguent à la bournonite par leur plus grande dureté et de l'argentite et la bornite par leur rayure moins brillante.

ENARGITE

Cu_3AsS_4 orthorhombique

Ses cristaux sont recherchés par les collectionneurs, prismes allongés ou plus rarement tabulaires, l'énargite montre fréquemment des macles en groupements étoilés.

Gisements : Dans certains gîtes métallifères associés à la tétraédrite, la sphalérite, la pyrite, la galène etc. Les plus grands cristaux viennent de la mine de Luz-Angelica, Pérou ; des cristaux très bien formés viennent également de Butte Montana, Etats-Unis ; de Kikwaseki-Mine, Taiwan.

Signes distinctifs : Eclat métallique gris-foncé à noir de fer. Densité : 4,5. Dureté : 3. Fragile, elle possède un clivage parfait parallèle à une face du prisme.

PYRRHOTITE

$Fe_{1-x}S$ hexagonal

Massive ou grenue le plus souvent, elle cristallise en plaquettes hexagonales formant parfois des associations de rosettes, les gros cristaux sont rares.

Gisements : Dans les pegmatites et les gîtes de contact avec la cassitérite et la scheelite ; dans les gîtes hydrothermaux avec sphalérite, pyrite, arsénopyrite, galène et quartz. Les plus grands cristaux viennent de Santa-Eulalia,

2 – Soufre et Calcite : Racalmuto, Sicile, Italie.

3 – Galène et Calcite : Joplin, Missouri, U.S.A.

Mexique ; Morro Velho, Brésil ; ainsi que de Herja, Roumanie ; Trepca, Yougoslavie ; Kisbanya, Hongrie.

Signes distinctifs : Eclat métallique jaune de bronze à brun-rouge se ternissant à l'air ; densité 4,6 à 4,7. Dureté : 3 1/2 à 4 1/2. C'est le seul sulfure magnétique (attirable à l'aimant). Fragile.

GALENE

→ fig. 3, p. 37

Pb S — cubique

Principal minerai de plomb, la galène est souvent argentifère (0,1 % à 1 %). Fréquente en cristaux cubiques, également en octaèdres et dodécaèdres. Certains cubes peuvent dépasser 30 cm. Elle est également massive ou grenue.

Gisements : Ses gisements sont nombreux. Les plus beaux cristaux viennent des veines métallifères où la galène est associée à la baryte, la fluorite, ou à d'autres sulfures. Les belles pièces de Musée viennent du Derbyshire, Angleterre ; de Neudorf et quelques autres localités allemandes ; de Joplin, Missouri, Etats-Unis. Quelques mines françaises ont autrefois fourni de belles cristallisations : Pont-Péan, Ille et Vilaine ; Saint-Sauveur, Haute-Garonne.

Signes distinctifs : Eclat métallique "gris de plomb". La galène se distingue des autres sulfures par un clivage cubique facile et sa forte densité : 7,5 à 7,6. Dureté : 2 1/2. Soluble dans les acides.

CINABRE

Hg S — rhomboèdrique

Seul minerai de mercure, le cinabre est souvent massif ou pulvérulent. Rare en cristaux, ces derniers sont souvent maclés par pénétration de deux individus.

Gisements : Dans certains gites hydrothermaux avec pyrite, marcassite, calcite et quartz. Les plus beaux cristaux viennent de Kouei-Tchéou, Chine ; et d'Almaden, Espagne.

Signes distinctifs : L'un des rares sulfures transparent. Couleur rouge cochenille à éclat adamantin, devenant gris de plomb par altération superficielle. Forte densité : 8,10. Dureté : 2 à 2 1/2. Chauffé dans un tube à essai en verre, le cinabre se décompose et le mercure se dépose sur le bord froid du tube en fines gouttelettes.

STIBINE

Sb_2S_3 orthorhombique

C'est le principal minerai d'antimoine. Massive, aciculaire ou en groupes radiés le plus souvent, la stibine peut cristalliser en magnifiques prismes de plus de 50 cm de long.

Gisements : Dans les gîtes hydrothermaux dits de "basse température", associée au réalgar, à la galène, à la baryte. Les plus grands cristaux viennent de Sedjo et Ichinokawa, Japon. Quelques mines du Massif Central et de Roumanie ont également donné de belles cristallisations en gerbes.

Signes distinctifs : Eclat étallique gris de plomb. Densité : 4,65. Dureté : 2. Elle se distingue des autres sulfures par son clivage parfait suivant l'allongement des cristaux et sa fusibilité à la flamme d'une bougie.

PYRITE

→ **fig. 5, p. 41**

FeS_2 cubique

C'est le sulfure le plus répandu dans la nature. Massive, grenue, ou en cristaux cubiques octaèdriques ou dodé-

4 – Arsénopyrite sur rhodochrosite : Trepca, Yougoslavie.

5 – Pyrite et calcite : Rio Marina, Ile d'Elbe, Italie.

caèdriques pouvant dépasser 30 cm d'arête, la pyrite est exploitée pour la préparation de l'acide sulfurique. Les groupes de cristaux à patine brillante (souvent maclés par pénétration) sont recherchés pour les collections.

Gisements : La pyrite se rencontre dans tous les types de gisements. Les grandes concentrations exploitables sont celles des formations métamorphiques. Les plus beaux cristaux viennent de Rio Marina, Ile d'Elbe ; de Cassandra, Grèce ; de Bingham, Utah ; de Uepac, Mexique, et du Pérou.

Signes distinctifs : Eclat métallique jaune de laiton pâle. Densité : 4,9 à 5,1. Dureté : 6 à 6 1/2. Cassante. Elle se distingue de la chalcopyrite par une dureté plus forte (elle raye le verre) et de la marcassite par sa couleur plus jaune.

COBALTITE

→ fig. 4, p. 40

(Co,Fe) AsS — cubique

Ses cristaux ont les mêmes formes que ceux de la pyrite (cube, octaèdre, dodécaèdre).

Gisements : Dans les gîtes dit de "haute température" associée à d'autres sulfures et arséniures de cobalt et de nickel. Les pièces de collection viennent de Tunaberg, Hakansbö, Suède ; et de Schneeberg, Saxe.

Signes distinctifs : Eclat métallique blanc d'argent à gris acier légèrement violacé. Densité : 6,3. Dureté : 5 1/2. Fragile avec un clivage parfait.

MARCASSITE (marcasite)

FeS_2 orthorhombique

Elle se présente le plus communément en nodules à structure radiée. Ses cristaux sont souvent maclés et donnent des associations en forme d'étoile ou en "crête de coq".

Gisements : Sulfure de fer fréquent des gites sédimentaires. Dans les craies du Cap Blanc-Nez, Pas de Calais ; à Kara Kow, U.R.S.S. ; Santa Eulalia, Mexique ; Tecklenburg, Allemagne ; Folkestone, Angleterre.

Signes distinctifs : Eclat métallique jaune de bronze sur la cassure. Densité : 4,88. Dureté : 6 à 6 1/2. Elle s'oxyde en se transformant en limonite brune et sulfate de fer instable.

ARSENOPYRITE

FeAsS orthorhombique

Massive, grenue et souvent cristallisée en prismes allongées. Se macle parfois en étoiles à six branches.

Gisements : C'est le minerai d'arsenic le plus abondant. Associé à l'or et à la cassitérite dans les filons dits de "haute température" et à d'autres sulfures dans des gisements de métamorphisme de contact. Les plus beaux cristaux viennent de Panasqueira, Portugal ; Freiberg, Allemagne Fédérale ; Trepca, Yougoslavie.

Signes distinctifs : Eclat métallique blanc d'argent à gris acier. Densité ; 6,07. Dureté : 5 1/2 à 6. Chauffé dans un tube fermé l'arsénopyrite donne un sublimé brun-rouge de réalgar et un anneau noir de tout petits cristaux d'arsenic.

7 – Quartz (cristal de roche) : La Gardette, Isère, France. Musée d'Histoire Naturelle de Grenoble.

6 – Fluorite : Collada, Espagne.

MOLYBDENITE

MoS_2 hexagonal

En masses écailleuses, foliacées ou lamellaires, ou en cristaux à contours hexagonaux, c'est le plus important minerai de molybdène.

Gisements : Dans les pegmatites, les filons hydrothermaux, les gîtes de contacts. D'excellents cristaux ont été trouvés à Ross, Ontario ; à Deepwater, Australie ; ainsi qu'à Madagascar et au Maroc.

Signes distinctifs : Eclat métallique gris de plomb. Densité : 4,7 à 4,8. Dureté faible : 1 avec un "toucher gras". Clivage absolument parfait. Laisse une trace gris bleuté sur le papier.

SKUTTERUDITE ET CHLOANTITE

$(Co,Ni)As_3$ et $(Ni,Co)As_3$ cubiques

Massifs le plus souvent, ces minéraux sont très semblables d'aspect et leurs cristaux sont rares et portent les faces du cube de l'octaèdre et du dodécaèdre.

Gisements : Dans les filons minéralisés en sulfures et arséniures de nickel, cobalt et argent et dans certains gites de contact. Les plus beaux cristaux viennent de Bou-Azzer, Maroc ; Skutterud, Norvège ; Tunaberg, Suède ; Cobalt, Ontario ; Schneeberg, Saxe ; Jachimov, Bohème.

Signes distinctifs : Eclat métallique blanc d'étain à gris acier. Densité : 6,2 à 6,7. Dureté : 5 1/2 à 6. Fragile.

PROUSTITE ET PYRARGYRITE

Ag_3AsS_3 et Ag_3SbS_3 rhomboèdriques

Surnommés "argents rouges" ces deux espèces sont rares en cristaux bien formés (en prismes à six côtés, à terminaison aigüe pour la proustite).

Gisements : Excellents minerais d'argent des filons dits de "basses températures" associés à l'arsénopyrite et la baryte. Les meilleures pièces de collection viennent de Charnacillo, Chili ; Andreasberg, Freiberg, Allemagne ; Jachimov, Bohème ainsi que de quelques mines du Mexique et de Bolivie.

Signes distinctifs : Semi-transparent avec éclat fortement "adamantin" à couleur rouge-vermillon à rouge-cochenille. Densité : 5,8 à 6,2. Dureté : 2 à 2 1/2. Fragile. Ces deux minéraux doivent être conservés à l'abri de la lumière car ils noircissent rapidement ; on peut leur rendre leur couleur d'origine et parfois leur transparence en les immergeant dans un liquide de type "céfé Bulher" spécial pour l'entretien de l'argenterie.

BOURNONITE

$PbCuSbS_3$ orthorhombique

Ses cristaux sont rares et forment souvent des associations en forme de "roue dentée" mais elle est le plus souvent massive et compacte.

Gisements : Dans les filons métallifères associée à la galène, les cuivres gris, la sphalérite, la chalcopyrite et le quartz. Les plus beaux cristaux ont été trouvés à Neudorf, Harz, Allemagne ; à Herodsfoot, Cornouailles ; et en France à Prunière, Isère ; Pranal et Pontgibaud, Puy-de-Dôme.

8 — Quartz (améthyste) : Guerrero, Mexique, Ecole Nationale des Mines de Paris.

9 – Géode de quartz améthysté sur agate : Rio Grande do Sul, Brésil (J. Vendome).

Signes distinctifs : Densité : 5,83. Dureté 2 1/2 à 3. Fragile, se distingue des cuivres gris par son éclat métallique gris-acier plus brillant.

REALGAR

AsS monoclinique

Massif, grenu, ses cristaux sont assez rares (prismes courts striés).

Gisements : Dans les filons métallifères, associé à l'orpiment et à d'autres minéraux d'arsenic. Egalement dans certains calcaires et dolomies et dans les produits de sublimations volcaniques (fumerolles). De beaux cristaux viennent du Nevada ; de Cavnic, Roumanie ; et il y a quelques années de Mattra, Corse.

Signes distinctifs : Transparent à translucide rouge vif à rouge orangé s'altérant en orpiment (jaune) par exposition à la lumière. Eclat résineux à gras. Densité : 3,55. Dureté : 1 1/2 à 2. Fragile et un peu sectile.

ORPIMENT

As_2S_3 monoclinique

Ce sulfure d'arsenic se présente le plus souvent en feuillets ou en masses fibreuses ou pulvérulentes. Assez rare en cristaux.

Gisements : Dans les filons dits de "basse température" ou comme minéral d'altération du réalgar ou autres minéraux d'arsenic. Les belles pièces de collection viennent de Lukbrunis, U.R.S.S. ; Quivuvilla, Pérou ; et Takab, Iran.

Signes distinctifs : Transparent à translucide jaune d'or devenant opaque par exposition à la lumière. Densité : 3,5. Dureté : 1 1/2 à 2. Sectile, fragile avec un clivage parfait donnant des lamelles flexibles mais non élastiques.

Halogénures

HALITE

NaCl cubique

Très utilisé par l'industrie et indispensable à l'alimentation, le sel-gemme ou halite se présente habituellement en masses granuleuses. Ses cristaux ne sont pas rares (cubes ou cubo-octaèdres) et leurs groupements en forme de "trémie" sont très caractéristiques.

Gisements : Dans les dépôts sédimentaires, les efflorescences en régions arides, associé à divers chlorures et sulfates : sylvine, carnalite, gypse, anhydrite. Les plus beaux cristaux (jusqu'à 30 cm) viennent de Wieliczka, Pologne ; quelques mines allemandes et siciliennes ont donné de très beaux sels bleus.

Signes distinctifs : Incolore ou diversement coloré en rose bleu etc., très soluble dans l'eau. Densité : 2,16. Dureté : 2. Son goût très caractéristique est le meilleur des critères de reconnaissance.

FLUORITE

→ fig. 6, p. 44

CaF_2 cubique

C'est le fluorure le plus répandu dans la nature et ses cristaux sont fréquents (cube, octaèdre, dodécaèdre) la macle par interpénétration de deux cristaux n'est pas rare dans certains gisements.

Gisements : Dans de nombreux types de gisement (filons hydrothermaux avec divers sulfures, filons de pegmatite).

10 – Hématite et Rutile en inclusion dans le quartz : Minas Gerais, Brésil.

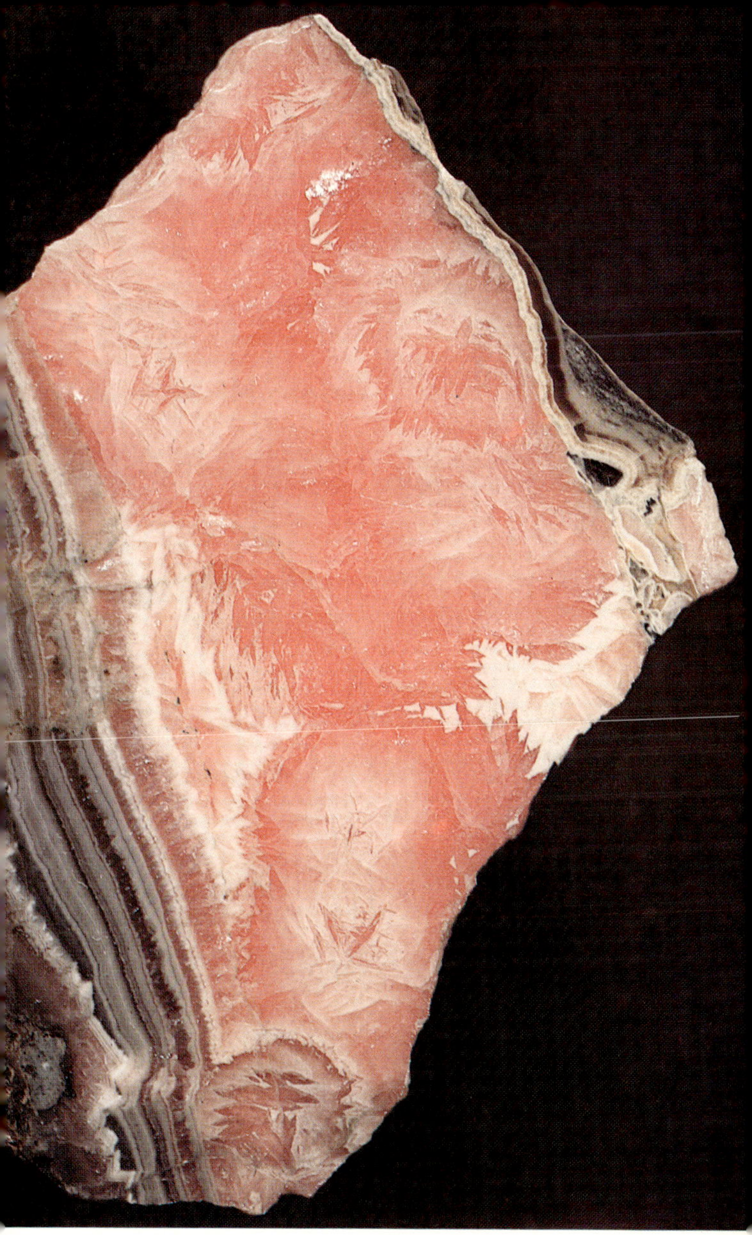

11 – Rhodochrosite (polissage) : Capillitas, Argentine.

Les beaux groupements de cristaux colorés associés au quartz, à la calcite, à la galène sont très recherchés pour les collections. Parmi les principaux gisements citons : en Angleterre, Weardale, Durham, et Alston-Moor (Cumberland) ; en Allemagne : Wölsendorf (Bavière) et Gersdorf et Segen Gottes (Saxe) ; en Espagne : Collada (Asturies) ; en France Peyrebrune (Tarn), Le Beix (Puy-de-Dôme), Chavagnac et Langeac (Haute-Loire) sans oublier les octaèdres roses associés au quartz fumé des fentes alpines.

Signes distinctifs : Incolore, transparent ou diversement coloré avec un éclat vitreux. Densité : 3,18. Dureté : 4. Fluorescent aux rayons ultra-violets, fusible en émail blanc. Possède un clivage octaèdrique, soluble dans l'acide sulfurique en dégageant de l'acide fluorhydrique qui corrode le verre.

CRYOLITE

Na_3AlF_6 monoclinique

Grenue ou massive, ses cristaux sont rares.

Gisements : Le principal gisement est à Ivigtut, Groenland, où la cryolite est associée à la sidérite, au quartz et à d'autres fluorures dans une pegmatite.

Signes distinctifs : Incolore à blanc parfois brunâtre. Densité : 2,87. Dureté 2 1/2. Fragile. Fond à la flamme d'une bougie.

Oxydes

CUPRITE

Cu_2O cubique

Ce minerai de cuivre souvent massif ou grenu, parfois terreux cristallise en cube, octaèdre ou dodécaèdre, sa variété *chalcotrichite* (rouge vif) est fibreuse.

Gisements : Dans les zones d'oxydation des gisements de cuivre. Les cristaux qu'on peut voir dans les collections viennent de : Tsumeb, Namibie ; Redruth, Angleterre ; Chessy, Rhône ; et de quelques mines de l'Oural.

Signes distinctifs : Translucide, rouge, avec éclat "adamantin" devenant noir en surface par exposition à l'air. Densité : 6,14. Dureté : 3 1/2 à 4. Fragile avec une cassure conchoïdale.

SPINELLE

Al_2MgO_4 cubique

Massif à grenu. Ses cristaux souvent octaèdriques peuvent être de qualité "gemme" et taillés pour la bijouterie. Les cristaux sont parfois maclés par accolement de deux individus.

Gisements : Dans les pegmatites, les calcaires de métamorphisme de contact, dans quelques roches ignées et les schistes alumineux. Les plus grands cristaux viennent de : Bétroka, Amlodroube et Ampandrandava, Madagascar ; Falhun, Suède ; les qualités gemmes sont extraites avec les rubis de Mogok, Birmanie ; et de Ratnapura, Ceylan.

12 Calcite sur dolomite : Framont, Vosges.

13 – Dolomite : Eugui, Navarre, Espagne.

Signes distinctifs : Transparent à opaque, rouge, bleu, vert, brun. Densité : 3,55 à 4,60 (variété gahnite avec Zn). Dureté : 7 1/2 à 8. Cassure conchoïdale. Se distingue des rubis et saphirs par sa dureté moins forte.

MAGNETITE

Fe_3O_4 cubique

Cet excellent minerai de fer fréquent en cristaux (faces de l'octaèdre et du dodécaèdre) est l'un des oxydes les plus répandus. Ses cristaux sont parfois maclés comme ceux des spinelles par accolement sur une face octaèdrique.

Gisements : Dans les roches ignées, les roches métamorphiques, les gîtes de ségrégation ; associée à l'apatite, les pyroxènes, l'olivine et à certains sulfures. Les pièces de collection les plus appréciées viennent de Suisse (fentes alpines) ; de Brosso et Traversella, Piémont ; du Minas Gérais, Brésil ; le gisement le plus important est celui de Kirunavaara en Suède.

Signes distinctifs : Eclat métallique noir à noir-brunâtre, brillant à terne. Attirable à l'aimant et bon conducteur de l'électricité ; Densité : 5,1. Dureté : 6 à 6 1/2.

CHRYSOBERYL

$BeAl_2O_4$ orthorhombique

Ses cristaux se maclent souvent en donnant des groupements pseudo-hexagonaux parfois à angles rentrants. Les individus simples sont tabulaires ou prismatiques. Transparentes ou chatoyantes, certaines de ses variétés sont très recherchées comme gemmes.

Gisements : Dans les pegmatites, et dans quelques micaschistes en association avec le béryl. Les plus beaux cristaux gemmes viennent de Takowaja, Oural ; du Minas Gerais, Brésil ; ainsi que de Ceylan, de Madagascar et de Rhodésie.

Signes distinctifs : Transparent à translucide, jaune à vert ; la variété *"Alexandrite"* très recherchée est vert foncé par transparence à la lumière du jour et rouge à la lumière électrique. *"L'œil-de-Chat"*, autre variété très appréciée présente un chatoiement argenté sur fond jaune et vert pâle. Densité, 3,7. Dureté : 8 1/2. Les chrysobéryls jaunes se distinguent des saphirs jaunes par une densité et une dureté un peu moins fortes.

CORINDON

Al_2O_3 rhomboédrique

Ses variétés massives ou grenues sont recherchées comme abrasif. Ses cristaux sont fréquents : prismes hexagonaux ou aplatis ou bipyramidés en formes de "fuseau". Quand ils sont suffisamment transparents et colorés, les corindons sont des pierres précieuses, très recherchées.

Gisements : Dans les roches magmatiques pauvres en silice, dans les calcaires métamorphiques, les amphibolites à anorthite et zoïsite, en inclusions dans quelques basaltes etc. Les variétés précieuses de corindon : *rubis* et *saphirs* s'exploitent surtout dans les alluvions qui dérivent de la destruction de ces roches. Les plus belles gemmes viennent de Birmanie, Ceylan (Sri-Lanka) ; Tanzanie ; Thaïlande et Australie.

Signes distinctifs : Transparent à opaque de toute couleur. Le *rubis* est rouge, les *saphirs* sont bleus, jaunes, verts, violets ou roses. Ces pierres peuvent montrer un effet optique sous forme d'une étoile lumineuse à six branches

14 – Cérusite (cristaux maclés) sur duftite, $CuPbAsO_4OH$: Tsumeb, Namibie.

15 — Azurite sur quartzite : Cap-Garonne, Var.

(pierres étoilées). Densité : 3,96 à 4,10. Dureté : 9. Infusible au chalumeau et insoluble dans les acides. Le corindon se distingue du spinelle, grenat, et chrysobéryl par sa grande dureté.

HEMATITE

→ fig. 10, p. 52

Fe_2O_3 rhomboédrique

Minerai de fer très répandu, compact, fibreux, terreux (ocre rouge) plus rare en cristaux tabulaires ou groupés en "rosettes".

Gisements : Les dépôts les plus considérables sont de type sédimentaire. L'hématite se rencontre aussi dans les gîtes hydrothermaux, métasomatiques, en dépôts de fumerolles volcaniques etc. Les plus beaux cristaux viennent du Minas Gerais, Brésil ; et de l'Ile d'Elbe, Italie où l'hématite en cristaux très brillants et parfois irisés est associée à la pyrite.

Signes distinctifs : Faiblement translucide à opaque, éclat métallique gris acier. Les cristaux lamellaires sont fragiles. Densité : 5,25. Dureté : 5 1/2 à 6. Sa poussière est rouge sombre. L'un des meilleurs critères de reconnaissance est la trace rouge que ce minéral laisse quand on le frotte sur de la porcelaine dépolie.

QUARTZ

→ fig. 7, p. 45 ; fig. 8, p. 48
fig. 9, p. 49

SiO_2 rhomboédrique

Le quartz est très utilisé pour l'industrie, c'est l'un des minéraux les plus répandus dans la croûte terrestre car c'est l'un des constituants majeurs de nombreuses roches. Ses cristaux sont fréquents, prismes hexagonaux surmontés soit par une pyramide à six côtés, soit par trois faces triangulaires montrant sa symétrie ternaire. Ses variétés sont nombreuses : les *calcédoines* sont des assemblages de microcristaux de quartz (rouge = cornaline, vert = chrysoprase, brun = sardoine). Les *agates* sont des calcédoines impures contenant des oxydes de fer ou des argiles. Toutes ses variétés sont employées comme "pierres fines" lorsqu'elles prennent un beau poli. Les cristaux et les masses transparentes de quartz sont taillés à facettes pour la bijouterie. Le cristal de roche est parfaitement incolore. *L'améthyste* est violette, la *citrine* orangé à jaune pâle, la *prase* est verte, le *girasol* est laiteux, le *morion* est brun noir, l'*hématoïde* est rouge il existe également du rose = *quartz rose*, et légèrement teinté de brun = *quartz enfumé*. Les cristaux contiennent parfois des inclusions qui leur donnent un attrait esthétique supplémentaire (aventurine, etc.).

Gisements : Minéral essentiel de nombreuses roches éruptives (dites acides) sédimentaires et métamorphiques. Elément principal de très nombreux "sables". Ses plus beaux cristaux se rencontrent dans les pegmatites et les filons hydrothermaux. Les calcédoines sont d'origine secondaire en concrétions dans les dépôts de sources thermales, dans les zones superficielles des filons. L'améthyste et l'agate se rencontrent dans les amygdales des roches basaltiques. Les jaspes forment des dépôts d'origine sédimentaire parfois importants. Parmi les meilleures pièces de collection citons les quartz : de la Gardette, Isère ; du Brésil ; de Suisse ; des Etats-Unis ; et de Madagascar. Les améthystes et les agates : du Brésil et de l'Uruguay. Les jaspes et calcédoines : de l'Inde ; de Bornéo ; des Etats-Unis ; d'Australie etc. *L'œil-de-Tigre* – variété chatoyante de crocidolite silicifiée (à prépondérance de quartz) provient d'Afrique du Sud.

Signes distinctifs : Transparent à opaque, éclat vitreux. Densité : 2,65. Dureté : 7. Cassure conchoïdale, insoluble dans les acides.

16 – Malachite (polissage) : Kolwesi, Katanga, Zaïre.

17 – Aurichalcite (touffes de cristaux aciculaires) : Yanga-Koubanza, République du Congo.

OPALE

SiO_2nH_2O amorphe

Cette variété de silice hydratée est amorphe (c'est à dire sans forme car elle ne cristallise pas), massive, botryoïdale ou stalactitique, elle peut être aussi terreuse. Les variétés irisées sont des gemmes recherchées.

Gisements : Mineral dit de "basse température", elle se dépose dans les fissures des roches ignées, également dans les roches sédimentaires et métamorphiques. Les belles opales irisées viennent d'Australie ; du Brésil ; et de Tchécoslovaquie. "L'opale de feu" (rouge-orangé) se rencontre au Mexique. En France, le gîte de Quincy (Cher) a autrefois donné de belles pierres rouge-vif.

Signes distinctifs : Transparente à presque opaque, incolore, laiteuse, bleuâtre à rouge-vif, brun-noir à feux sombres, l'irisation est très caractéristique pour cette espèce. Dureté : 5 1/2 à 6 1/2. Densité faible : 1,9 à 2,3.

CASSITERITE

SnO_2 quadratique

Très recherchée depuis l'Antiquité pour la préparation du bronze, la cassitérite est le seul minerai d'étain. Massive ou grenue elle est fréquente en cristaux prismatiques (plus rarement pyramidaux) la macle dite en "bec d'étain" résulte de l'association de deux cristaux montrant un angle rentrant.

Gisements : Dans des pegmatites, associé au quartz ; dans les greisens associé au Wolfram, à la scheelite ; les gisements les plus importants sont alluvionnaires. Les pièces de collection viennent d'Araca, Bolivie ; de Horni-Slakow, Schlaggenwald, Bohême ; également du Hartz, Allemagne ; de Cornouailles ; et de la Villeder, Morbihan.

Signes distinctifs : Translucide à opaque avec un éclat adamantin à métallique grisâtre, incolore à brun noir, jaunâtre ou rougeâtre. Dureté 6 à 7. Densité 7. Le meilleur test de reconnaissance est le suivant : on place un petit fragment de cassitérite sur une lame de zinc métallique et ce fragment se couvre d'un dépôt métallique blanc d'étain lorsqu'on ajoute une goutte d'acide chlorhydrique.

RUTILE

→ fig. 10, p. 52

TiO_2 quadratique

En cristaux prismatiques parfois fortement striés verticalement avec une macle fréquente en forme de "genoux", ou en cristaux fins ou aciculaires. Plus habituellement sous forme massive plus ou moins grenue.

Gisements : Ce minéral dit de "haute température" est largement répandu dans les gneiss, les schistes, les roches ignées, plus particulièrement dans les roches plutoniques riches en hornblende, également dans les filons de quartz, les anorthosites, les pegmatites basiques ou granitiques. Les beaux cristaux qu'on voit dans les musées viennent de Graves Mountains, Géorgie, U.S.A. ; et des fentes alpines. Le rutile est fréquent en inclusions de fins cristaux aciculaires dans le quartz.

Signes distinctifs : Translucide rouge à brun presque noir, éclat adamantin à métallique. Dureté : 6 à 6 1/2. Densité 4,22 à 4,25 assez fragile, cassure conchoïdale, clivage assez facile.

18 – Gypse cristaux lamellaires interpénétrés appelés "roses des sables" : Ouargla, Algérie.

19 — Wulfénite : Los Lamentos, Mexique.

ANATASE

TiO_2 quadratique

Cet oxyde de titane, plus rare que le rutile, se présente le plus souvent en pyramide ou bipyramides aigües à base carrée et parfois en prismes quadratiques à terminaisons obtues. Les cristaux de plus de 15 mm sont rares.

Gisements : Dans les gneiss, les micaschistes et les veines et crevasses de type alpin. Les pièces de collection viennent des Alpes où l'anatase est associé au quartz à l'orthose, à l'adulaire, au rutile, à la chlorite, etc. De gros cristaux transformés en rutile ont été trouvés à Tapira au Brésil.

Signes distinctifs : Translucide à opaque éclat adamantin à métallique ; brun-jaune, rougeâtre, indigo-bleu à noir. Dureté : 5 1/2 à 6. Densité : 3,90. Fragile avec un clivage parfait.

WOLFRAMITE

$(Fe,Mn)WO_4$ monoclinique

Ce minerai de Tungstène est lamellaire ou grenu. Les cristaux sont tabulaires ou prismatiques et fréquemment maclés par accolements.

Gisements : Dans les filons hydrothermaux dit de "haute température" associé à la pyrrhotite, la pyrite, la chalcopyrite, la cassitérite et la scheelite. Les pièces de collection viennent de Panasqueira, Portugal ; de Horni-Slavkov, Schlaggenwald, Bohême.

Signes distinctifs : Noir opaque à éclat submétallique brillant. Dureté : 4 à 4 1/2. Densité : 7,3 à 7,4. Fragile. Magnétique. Clivage parfait.

NIOBITE

$(Fe,Mn)Nb_2O_6$ orthorhombique

Minerai de Niobium recherché pour la fabrication d'aciers spéciaux. Ses cristaux sont prismatiques ou tabulaires.

Gisements : Elle se rencontre dans les roches granitiques et dans les pegmatites associée au quartz, au béryl, à la cassitérite, au spodumène, etc. Les beaux cristaux viennent du Minas Gerais, Brésil ; d'Ampangabe, Madagascar ; ainsi que de Norvège et des Etats-Unis.

Signes distinctifs : Noir de fer à éclat submétallique. Dureté : 6 à 6 1/2. Densité : 5,2. Fragile, cassure inégale.

La *Tantalite* $(Fe,Mn)Ta_2C_6$ est également recherchée pour la fabrication d'aciers spéciaux. Ses formes sont semblables à celles de la niobite. Sa densité est plus élevée 7,90.

MANGANITE

MnO OH monoclinique

Recherchée par les collectionneurs, ses cristaux sont prismatiques, fortement striés verticalement et à terminaison rugueuse.

Gisements : Minéral hydrothermal dit de "basse température" associé à la goethite, la pyrolusite et la baryte. Les belles pièces de collection viennent d'Ilfeld, Hartz, Allemagne.

Signes distinctifs : Gris acier à noir de fer à éclat submétallique. Dureté : 4. Densité : 4,30. Fragile avec un clivage parfait.

20 – Scorodite, $Fe\,As\,O_4 . 2H_2O$. Densité : 3,28 Dureté : 3 1/2 à 4.
Polissage d'une concrétion zonée du Djebel-Debar, Algérie.

21 – Pyromorphite : Les Farges, Ussel, Corrèze.

Carbonates

SMITHSONITE

$ZnCO_3$ rhomboédrique

Excellent minerai de zinc la smithsonite est compacte, botryoïdale, stalactiforme, terreuse et plus rarement en cristaux (scalénoèdres, rhomboèdres).

Gisements : Minéral de formation secondaire des zones d'oxydation des filons zincifères, associé à l'hémimorphite, la malachite, l'azurite, etc. Les belles cristallisations viennent de Tsumeb, Namibie ; de Brocken Hill, Rhodésie. Les masses mamelonnées bleu, vert, jaune, du Laurium (Grèce), d'Iglésias (Sardaigne) et du Sonora (Mexique) sont également très recherchées pour les collections.

Signes distinctifs : Transparent à translucide, rose, jaune, vert, bleu, brun, gris. Dureté : 4 à 4 1/2. Densité : 4,40 à 4,45. Eclat vitreux, fragile avec un clivage parfait. Soluble dans les acides chauds avec effervescence.

SIDERITE (sidérose)

$FeCO_3$ rhomboédrique

Assez fréquente en cristaux rhomboédriques, elle est aussi massive, grenue, botryoïdale, globuleuse ou terreuse.

Gisements : Dans les filons hydrothermaux métallifères et en grandes masses dans les gîtes secondaires schisteux ou argileux. Les belles sidérites qu'on peut voir dans les collections viennent d'Allevard, Isère où elles sont associées au quartz ; et également de Traverselle, Piémont ; de

Saint-Hilaire au Quebec ; du Tsumeb, Namibie et de Panasqueira, Portugal.

Signes distinctifs : Translucide, brun jaune à brun rougeâtre grisâtre, verdâtre. Dureté : 4. Densité : 3,95. Fragile avec un clivage parfait. Chauffée au rouge dans un tube de verre elle décrépite, noircit puis devient magnétique. Soluble à chaud avec effervescence dans les acides.

RHODOCHROSITE

→ fig. 11, p. 53

$MnCO_3$ rhomboédrique

Appréciée pour sa belle couleur, la rhodochrosite est rare en cristaux (rhomboèdres ou scalénoèdres), les masses mamelonnées stalactitiques offrent des zonations rose et rouge de nuances diverses très recherchées pour la fabrication d'objets ornementaux.

Gisements : Dans les filons hydrothermaux, dans quelques gîtes métamorphiques, et comme minéral de formation secondaire des gîtes sédimentaires d'oxydes de manganèse. De très beaux cristaux ont été trouvés dans quelques mines du Colorado et d'Afrique du Sud.

Signes distinctifs : Transparente à translucide rose à rouge vif. Dureté : 3 1/2 à 4. Densité : 3,7. Fragile, clivage rhomboédrique parfait. Soluble avec effervescence dans les acides.

CALCITE

→ fig. 12, p. 56

$CaCO_3$ rhomboédrique

C'est l'un des minéraux les plus employés par l'homme (constructions, travaux publics, etc.) et le carbonate le plus répandu à la surface du globe. Massif, grenu, nodulaire, stalactitique, terreux. Ses cristaux peuvent peser

22 – Mimétite et Wulfénite : Santa Eulalia, Mexique.

23 – Autunite : Margnac II, Haute-Vienne.

jusqu'à 25 tonnes et montrent une grande combinaison de formes (rhomboèdres, prismes bipyramidés, scalénoèdres, etc.) les cristaux se maclent fréquemment : macle en "cœur", en "papillon", ou par interpénétration de deux cristaux avec rotation de l'un d'eux de 180° autour de l'axe vertical. La plupart des fossiles sont constitués de calcite.

Gisements : Principal constituant des roches carbonatées (calcaires, marbres) présent dans de nombreux types de gisements. Les meilleurs cristaux qu'on peut voir dans les collections ont été trouvés à Helgustadir, Islande ; à Joplin, Missouri ; au Guanajuato, Mexique ; et également à Egremont, Angleterre ; Andréasberg, Allemagne ; et en France à Saint-Julien du Gard et à Maronne, Isère.

Signes distinctifs : Transparent à translucide, incolore ou diversement coloré. Montre une forte biréfringence comme la plupart des carbonates, phénomène qui se traduit par le doublage de toute image observée à travers le cristal. Dureté : 3. Densité : 2,71. Fragile, son clivage parfait rhomboédrique et sa facile effervescence dans les acides dilués sont ses meilleurs critères de reconnaissance.

DOLOMITE

→ **fig. 13, p. 57**

$CaMg[CO_3]_2$ rhomboédrique

Egalement très répandu à la surface du globe, ce carbonate est recherché pour ses usages industriels. Massif compact, grenu. Ses cristaux se présentent presque toujours en rhomboèdres simples, les macles par interpénétration et rotation de 180° sont fréquentes.

Gisements : Constituant de nombreuses roches sédimentaires ou métamorphiques. Les cristaux les plus transparents viennent d'Eugui, Espagne ; Brosso et Traverselle, Italie.

Signes distinctifs : Transparent à translucide incolore rosâtre, jaunâtre, grisâtre. Dureté : 3 1/2 à 4. Densité : 2,88. Clivage parfait. Se distingue de la calcite par une dureté un peu plus forte et une solubilité un peu moins facile dans les acides dilués.

ARAGONITE

$CaCO_3$ orthorhombique

Ce carbonate de calcium est beaucoup moins fréquent que la calcite, les cristaux sont prismatiques et souvent maclés par trois individus conduisant à des groupements pseudo-hexagonaux. Les formes coralloïdes sont recherchées par les collectionneurs. L'aragonite est également globulaire, pisolitique, fibroradiée.

Gisements : Dans les travertins des sources chaudes, en cristaux dans les lits de gypse et d'argile, etc. Les belles cristallisations viennent de Cianciana et Falconera, Sicile ; Molina de Aragon (d'où son nom), Espagne ; Bastènes, Landes ; Bilin, Bohême.

Signes distinctifs : Transparente à translucide à éclat vitreux incolore, rose, violacé, rougeâtre, bleue, jaune, verte. Dureté : 3 1/2 à 4. Densité : 2,95. Assez fragile. Elle se distingue de la calcite et de la dolomite par l'absence du clivage suivant les faces du rhomboèdre et par la "réaction de Meigen" (chauffée dans une solution étendue de nitrate de cobalt, l'aragonite en poudre prend une coloration lilas).

CERUSITE

→ fig. 14, p. 60

$PbCO_3$ orthorhombique

En masses denses grenues ou compactes et plus rarement en cristaux de formes variées (prismes, dipyramides).

25 – Almandin dans quartzite : Minas Gerais, Brésil.

— 24 – Torbernite sur Francevillite (Ba, Pb) $(UO_2)_2$ $(VO_4)_2 . 5H_2O$: Mounana, Gabon.

Des macles fréquentes conduisent à des groupements étoilés à six branches.

Gisements : Minéral secondaire des zones d'oxydation de filons de galène, fréquemment associé à la pyromorphite. De splendides cristaux ont été trouvés au Tsumeb, Namibie.

Signes distinctifs : Transparente à translucide avec éclat adamantin à vitreux, incolore grise ou verte. Dureté : 3 à 3 1/2. Densité : 6,55. Biréfringence élevée. Fragile, mauvais conducteur de la chaleur, la cérusite craint tout changement brusque de température. Soluble dans l'acide nitrique en laissant après évaporation des dendrites blanches de nitrate de plomb.

AZURITE

$Cu_3[OH|CO_3]_2$ monoclinique

C'est l'un des minéraux les plus recherchés pour la collection. Ses cristaux ont un faciès varié : tables losangiques, prismes plus ou moins surchargés de facettes terminales et souvent groupés en rosettes.

Gisements : Minéral secondaire des zones d'oxydation des gîtes de cuivre, associé à la malachite et la cuprite. Les plus beaux cristaux connus dans le Monde ont été trouvés au Tsumeb, Namibie ; à Bisbee, Arizona ; et à Chessy, Rhône.

Signes distinctifs : Translucide à presque opaque ; bleu azur lumineux (d'où son nom) à bleu très foncé. Dureté : 3 1/2 à 4. Densité : 3,77. Fragile avec cassure conchoïdale. Possède un clivage assez parfait. Soluble avec effervescence dans les acides.

MALACHITE

→ fig. 16, p. 64

$Cu_2[OH|CO_3]$ monoclinique

Rare en cristaux (généralement prismatiques ou aciculaires) la malachite est surtout massive, en encroûtement botryoïdaux, mamelonnée ou fibro-radiée, stalactitique. Elle est très utilisée comme gemme décorative car elle prend un beau poli et montre des zonations vert clair à vert foncé d'un bel effet ornemental.

Gisements : Minéral secondaire des zones d'oxydation des gîtes de cuivre associé à l'azurite, la cuprite la chrysocolle etc. Les deux localités les plus classiques des malachites ornementales sont celles de Nizhni-Tagil dans l'Oural, et de Kambowe au Katanga.

Signes distinctifs : Translucide à opaque, vert-vif clair à vert noir avec parfois un aspect soyeux. Dureté : 3 1/2 à 4. Densité : 4,05. Soluble avec effervescence dans les acides.

AURICHALCITE

→ fig. 17, p. 65

$(ZnCu)_5((OH)_3CO_3)_2$ orthorhombique

Ce minéral se présente en touffes de fins cristaux aciculaires et plus rarement en masses grenues.

Gisements : L'aurichalcite se forme dans la zone d'oxydation des gisements de zinc et de cuivre en association avec d'autres minéraux secondaires : malachite, azurite, smithsonite, etc. Les plus beaux échantillons ont été trouvés à Yangakoubanza, République du Congo ; Mapimi, Mexique ; et au Laurium, Grèce.

Signes distinctifs : Transparente, vert-pâle à bleu verdâtre et bleu ciel avec un éclat perlé ou soyeux. Dureté : 1 à 2. Densité : 3,64. Très fragile. Soluble avec effervescence dans les acides. Colore la flamme en vert.

26 — Tourmaline et muscovite : San Piero in Campo, Ile d'Elbe, Italie. Ecole Nationale des Mines de Paris.

27 – Dioptase : Renéville, République du Congo.

PHOSGENITE

$Pb_2[Cl_2|CO_3]$ quadratique

Très recherché par les collectionneurs, ce minéral rare se rencontre en cristaux tabulaires ou prismatiques.

Gisements : Minéral secondaire associé à l'anglésite et la cérusite et formé par altération de la galène dans la zone superficielle des gîtes de plomb. Les plus beaux cristaux connus dans le Monde viennent de Monte-Poni, Sardaigne.

Signes distinctifs : Transparente à translucide avec éclat adamantin. Incolore, rosâtre, jaunâtre à brun fumé. Dureté : 2 à 3. Densité : 6,13. Un peu sectile, sa cassure est conchoïdale. Soluble dans les acides et faiblement soluble dans l'eau. Fond facilement au chalumeau.

COLEMANITE

$Ca[B_3O_4(OH)_3] \cdot H_2O$ monoclinique

Important minerai de Bore. Massif à grenu. Les cristaux sont prismatiques courts et parfois équidimensionnels.

Gisements : Elle se rencontre dans les terrains sédimentaires du Tertiaire associée au gypse, à la célestine et à d'autres borates. Les plus beaux groupes de cristaux viennent de Death Valley, Californie ; et de diverses mines de l'Ouest de l'Anatolie, Turquie.

Signes distinctifs : Transparente à translucide, incolore à grisâtre ou jaunâtre. Dureté : 4 1/2. Densité : 2,43. Possède un clivage parfait. Fond en décrépitant et en colorant la flamme en vert-jaune. Soluble à chaud dans l'acide chlorhydrique.

Sulfates

BARYTE (Barytine)

$Ba[SO_4]$ orthorhombique

Massive, compacte, nodulaire ou globulaire, ses cristaux sont fréquents et peuvent atteindre 1 mètre, leur faciès est varié : prismatiques, équidimentionnels, tabulaires, losangiques parfois groupés en "rosette". La baryte est très recherchée pour ses usages industriels.

Gisements : Minéral fréquent des filons hydrothermaux associé à la fluorite, la sphalérite, la galène, la stibine, etc. Egalement dans les argiles en dépôts nodulaires, et en filons et en lentilles dans les roches sédimentaires. Les splendides groupements minéraux avec grands cristaux de baryte qu'on peut voir dans les musées viennent des filons métallifères du Cumberland, de Saxe, de Roumanie. Des gros cristaux brun-miel ont été trouvés en France à Saint Saturnin, Puy de Dôme.

Signes distinctifs : Incolore, transparente à opaque, blanche, rose, jaune, bleu, vert, brun avec un éclat résineux. Dureté : 3 à 3 1/2. Densité : 4,5. Fragile avec un clivage parfait. Insoluble dans les acides. Fond en colorant la flamme en vert-jaune.

CELESTITE (Célestine)

$Sr[SO_4]$ orthorhombique

Elle est le plus souvent nodulaire, fibreuse, grenue. Ses cristaux, très recherchés pour les collections, sont prismatiques, allongés ou tabulaires. La célestite est le principal minerai de strontium recherché par l'industrie.

28 – Malachite dans géode de Bisbeeite, (Cu, Mg) $SiO_3 . nH_2O$. : Katanga, Zaïre.

29 – Diopside et grossulaire : Val d'Ala, Piémont, Italie. →

Gisements : Minéral d'origine sédimentaire, associé en Sicile au soufre à l'Aragonite et au gypse. De grandes géodes de cristaux limpides ont été trouvées à Madagascar.

Signes distinctifs : Transparent à translucide incolore à bleue (d'où son nom) avec éclat vitreux. Dureté : 3 à 3 1/2. Densité : 3,97 à 4. Fragile et facilement clivable. Difficilement soluble dans les acides. Fond en colorant la flamme en rouge pourpre.

ANGLESITE

$Pb[SO_4]$ orthorhombique

Ses cristaux sont souvent parfaits, tabulaires ou prismatiques allongés, équidimentionnels, etc. Elle est également massive, grenue ou nodulaire.

Gisements : Minéral secondaire des zones d'oxydation de la galène, associé à la cérusite. Les plus belles pièces de collection viennent du Tsumeb, Namibie ; de Monte-Poni, Sardaigne ; de Sidi-Amor-Ben-Salem, Tunisie.

Signes distinctifs : Transparente à translucide, incolore, jaune, verte, grise avec éclat adamantin. Dureté : 2 1/2 à 3. Densité : 6,38. Fragile, possède un bon clivage. Se distingue de la cérusite par sa plus difficile solubilité dans les acides.

CHALCANTITE

$Cu[SO_4] \cdot 5H_2O$ triclinique

En masses fragiles stalactitiques ou en cristaux prismatiques.

Gisements : Minéral secondaire très fréquent dans les gîtes de cuivre, cristallise souvent sur les boiseries des galeries des mines.

Signes distinctifs : Translucide, bleu-vif à bleu-ciel, ou bleu verdâtre. Dureté : 2 1/2. Densité : 2,28. Fragile, très soluble dans l'eau. Goût métallique désagréable.

GYPSE

→ **fig. 18, p. 68**

$Ca[SO_4] \cdot 2H_2O$ monoclinique

Massif, lamellaire, fibreux ou pulvérulent, c'est le sulfate le plus répandu et le plus utilisé par l'industrie (ciment, plâtre). Ses cristaux peuvent dépasser 1 mètre et ont un faciès varié : prismatiques, tabulaires, lenticulaires, etc. L'association de cristaux lamellaires enchevêtrés en "rose des sables" est très connue des collectionneurs. Les cristaux sont fréquemment maclés en "fer de lance".

Gisements : Forme d'importantes couches dans les gisements de sel d'origine marine, se rencontre également dans les dépôts de sources thermales et les zones superficielles des gisements sulfurés. Les plus grands cristaux viennent de Naica, Mexique ; de Mazan, Vaucluse ; les macles en "fer de lance" sont fréquentes dans le Bassin de Paris. Les "roses des sables" abondent dans les régions sahariennes. De splendides cristaux limpides associés au soufre ont été trouvés en Sicile.

Signes distinctifs : Transparent à translucide, incolore, blanc, grisâtre, jaunâtre, brunâtre. Dureté : 2. Densité : 2,32. Facilement flexible mais non élastique. Clivage parfait facile. Fusible en colorant la flamme en rouge. Très soluble dans l'acide chlorhydrique. Se distingue des calcaires par sa dureté plus faible (il se raye à l'ongle).

LINARITE

$PbCu[(OH)_2 | SO_4]$ monoclinique

Elle se présente en agrégats, en encroûtements et en cristaux prismatiques allongés.

30 – Natrolite en géode dans basalte : Puy de Marman, Puy de Dôme. Muséum National d'Histoire Naturelle, Paris.

31 – Stilbite et laumontite, Ca [Al Si_2O_6]$_2$. 4 H_2O : Poona, Inde.

Gisements : Associée à d'autres minéraux secondaires : cérusite, brochantite, anglésite et malachite dans les zones d'oxydation des gites de cuivre. Les pièces recherchées par les collectionneurs viennent de Leadhills, Ecosse et de Rangtten-Hill, Cumberland.

Signes distinctifs : Translucide, bleu-azur foncé. Dureté : 2 1/2. Densité : 5,35. Fragile avec un clivage parfait. Elle se distingue de l'azurite en blanchissant dans l'acide chlorhydrique alors que l'azurite y fait effervescence en se dissolvant.

WULFENITE

→ fig. 19, p. 69

$Pb[MoO_4]$ quadratique

Elle se présente le plus habituellement en cristaux carrés aplatis et plus rarement en pyramides octaèdriques.

Gisements : Minéral des zones d'oxydations des gîtes de plomb associé à la cérusite, la pyromorphite, la mimétite. Les pièces recherchées par les collectionneurs viennent de Red Cloud Mine, Arizona ; Chihuahua, Mexique, Tsumeb, Namibie.

Signes distinctifs : Translucide, rouge-orangé vif à jaune-pâle. Dureté : 2 1/2 à 3. Densité : 6,5 à 7. Soluble dans l'acide chlorhydrique en une liqueur verte. Elle prend une coloration bleue lorsqu'on la chauffe avec l'acide sulfurique et l'alcool.

SCHEELITE

$Ca[WO_4]$ quadratique

Massive, grenue, ses cristaux octaédriques allongés sont recherchés pour la collection.

Gisements : Dans les gîtes résultant d'un métamorphisme de contact (granites avec les calcaires) et dans les greisens associés au Wolfram et à la cassitérite. Les plus beaux cristaux viennent de Tong-Wha, Corée ; de Traverselle, Piémont et de Schlaggenwald, Bohême.

Signes distinctifs : Translucide, jaunâtre à orangé, brunâtre à verdâtre. Dureté : 4 1/2 à 5. Densité : 6,10. Très fluorescente aux ultra-violets en bleuâtre brillant. Soluble dans les acides. La solution chlorhydrique chauffée avec un fragment d'étain métallique devient bleu indigo.

CROCOÏTE

$Pb[CrO_4]$ monoclinique

Massive, grenue, aciculaire, cette espèce est très recherchée en raison de sa belle couleur rouge. Les cristaux prismatiques sont parfois creux et dépassent rarement 5 cm.

Gisements : Minéral secondaire assez rare des zones d'oxydation des gisements de plomb. Les pièces de collection viennent de Dundas, Tasmanie ; et de Bérésov, Oural.

Signes distinctifs : Translucide rouge hyacinthe, rouge-orangé vif à jaune orangé-brunâtre, avec éclat adamantin. Dureté : 2 1/2 à 3. Densité : 6. Sectile. Sa cassure est conchoïdale. Se distingue du cinabre et du réalgar par sa réaction à la chaleur dans un tube fermé : elle décrépite, noircit, puis reprend sa couleur en refroidissant.

32 – Heulandite : Fort Patrick, Ecosse, G.B. Muséum National d'Histoire Naturelle, Paris.

Phosphates - Arséniates - Vanadates

ADAMITE

$Zn_2[OH | AsO_4]$ orthorhombique

Elle se rencontre le plus souvent en agrégats radiés. Les cristaux simples sont prismatiques ou tabulaires.

Gisements : Dans les zones d'oxydation des gisements de zinc et cuivre, associé à l'olivénite, la smithsonite, la malachite. De splendides exemplaires ont été rencontrés au Laurium, Grèce ; et à Mapimi, Mexique.

Signes distinctifs : Transparent à translucide, jaune lumineux à vert brillant lorsqu'elle contient du cuivre. Dureté : 3 1/2. Densité : 4,40. Soluble dans l'acide chlorhydrique dilué.

OLIVENITE

$Cu_2[OH | AsO_4]$ orthorhombique

Ses cristaux sont prismatiques, allongés ou aciculaires, l'olivénite est également globulaire ou fibreuse.

Gisements : Comme l'adamite dans les zones d'oxydation des gisements de zinc et cuivre associé à la malachite, l'azurite et à des minéraux secondaires de zinc. Les pièces qu'on peut voir dans les collections viennent de Cornouailles, du Tsumeb, Namibie ; et du Cap Garonne, Var.

Signes distinctifs : Translucide à opaque vert-olive (d'où son nom) à vert-noir ou brun-verdâtre. Dureté : 3. Densité : 4,46. Soluble dans les acides et l'ammoniaque.

BRAZILIANITE

$NaAl_3[(OH)_2|PO_4]_2$ monoclinique

Ce minéral n'a été découvert qu'après la seconde guerre mondiale au Brésil (d'où son nom). Ses cristaux comptent parmi les plus recherchés par les amateurs et sont quelquefois taillés comme gemmes.

Gisements : Minéral rare associé à l'albite, la muscovite et la tourmaline dans les pegmatites de Conselheira-Pena, Minas Gerais, Brésil.

Signes distinctifs : Transparent à translucide jaune vert chartreuse à jaune pâle ou brûnatre. Dureté :5 1/2. Densité : 2,98. Fragile, possède un bon clivage.

APATITE

$Ca_5[F|(PO_4)_3]$ hexagonal

Ses cristaux, prismes hexagonaux peuvent mesurer plusieurs décimètres. Massive, microcristallisée, ou terreuse, elle a une grande importance pour l'industrie (phosphates).

Gisements : Minéral des roches éruptives, métamorphiques ou sédimentaires. Les plus gros cristaux associés au sphène et au pyroxène viennent des calcaires cristallins de Greenville, Canada ; d'excellentes pièces de collections ont été trouvées associées au Wolfram de Panasqueira, Portugal ; les cristaux jaunes de Durango, Mexique sont parfois taillés comme gemmes ; de même que les cristaux bleus ou verts du Minas Gerais, Brésil.

Signes distinctifs : Transparente à opaque, incolore, jaune violette, rose, verte, bleue. L'éclat est vitreux. Dureté : 5. Densité : 3,10. Se distingue du quartz et du béryl par une dureté moindre. Soluble dans l'acide nitrique.

PYROMORPHITE

→ fig. 21, p. 73

$Pb_5(PO_4,AsO_4)_3Cl$ hexagonal

Massive, globulaire, mamelonnée et souvent en cristaux prismatiques, hexagonaux ou aciculaires.

Gisements : Fréquente dans les zones d'oxydation des gisements de plomb, associée à la cérusite et la limonite. Les pièces recherchées pour la collection sont celles de : Friedrichsegen, Allemagne ; Huelgoat, Bretagne ; Vézis, Aveyron ; Les Farges, Corrèze.

Signes distinctifs : Transparente à presque opaque vert, jaune, brun, gris. Dureté : 3 1/2 à 4. Densité : 7,05. Soluble dans les acides.

MIMETITE

→ fig. 22, p. 76

$Pb_5(AsO_4, PO_4)_3Cl$ hexagonal

Ses formes sont celles de la pyromorphite et elle se rencontre aussi dans les zones d'oxydation des gisements de plomb. Très recherchée pour les collections, les meilleures pièces viennent de Chihuahua, Mexique ; du Tsumeb, Namibie ; et des vieilles mines du Cumberland.

Signes distinctifs : Transparente à translucide presque opaque. Incolore, jaune pâle à rouge orangé, brunâtre, verdâtre. Dureté : 3 1/2 à 4. Densité : 7,25. Soluble dans les acides.

VANADINITE

$Pb_5(VO_4)_3Cl$ hexagonal

Ce minéral est très recherché pour les collections. Les cristaux sont souvent la forme de tables ou de prismes courts, hexagonaux.

Gisements : Minéral secondaire des zones d'oxydation des gisements de plomb associé à la cérusite la pyromorphite, etc. Les pièces les plus recherchées viennent de Mibladen, Maroc ; d'Old-Yuma mine, Arizona.

Signes distinctifs : Translucide à opaque, brun, rouge-vif à orangé-brunâtre. Dureté : 2 1/2 à 3. Densité : 6,88. Fragile. Cassure conchoïdale. Soluble dans l'acide nitrique avec dépôt rouge brique par évaporation à sec.

ERYTHRITE

$Co_3[AsO_4]_2 \cdot 8H_2O$ monoclinique

Lamellaire, aciculaire, ses cristaux dépassent rarement 3 cm ; ils ont des terminaisons obliques et sont fréquemment maclés par accolement.

Gisements : Minéral secondaire typique des gisements, de sulfo-arséniures de cobalt. La mine de Bou-Azzer, Maroc a produit les plus beaux cristaux connus.

Signes distinctifs : Translucide rouge, cramoisi un peu violacé à rose violacé brunâtre. Dureté : 2. Densité : 3,06. Très clivable et sectile, les lamelles de clivages sont flexibles. Fusible. Soluble dans l'acide chlorhydrique en le colorant en rose.

VIVIANITE

$Fe_3[PO_4]_2 \cdot 8H_2O$ monoclinique

En masses concrétionnées ou lamellaires. Ses cristaux sont les plus grands que l'on ait rencontrés pour les phosphates (jusqu'à 2 mètres).

Gisements : La vivianite se forme par l'altération des phosphates de fer primaires des pegmatites. A Anloua, Cameroun, les plus grands cristaux du monde associés à des matières organiques ont été mis à jour dans des sédiments.

Signes distinctifs : Transparent à translucide, presque opaque. Vert à vert-bleu. Dureté : 1 1/2 à 2. Densité : 2,68. Sectile. Un clivage parfait la rend très fragile. Flexible en fines lamelles. Soluble dans l'acide chlorhydrique. Sensible à l'humidité, on doit la préserver en l'enduisant d'une mince couche de vernis.

WAVELLITE

$Al_3[(OH)_3|(PO_4)_2]\cdot 5H_2O$ orthorhombique

Son faciès le plus habituel est d'être en agrégats hémisphériques et en globules à structure fibro-radiée ou étoilée.

Gisements : Minéral secondaire, la wavellite se forme dans les fissures des roches alumineuses métamorphiques et dans celles des roches phosphatées. Les pièces de collection les plus classiques viennent de l'Arkansas.

Signes distinctifs : Translucide, blanc à gris, vert à jaune, brunâtre, bleuâtre. Dureté : 3 1/2 à 4. Densité : 2,36. Fragile. Soluble dans les acides et la potasse.

TURQUOISE

$CuAl_6[(OH)_2|PO_4]_4\cdot 4H_2O$ triclinique

Très rare en cristaux, ses belles variétés massives sont très recherchées comme gemmes depuis l'Antiquité.

Gisements : Elle se forme dans diverses roches alumineuses éruptives ou sédimentaires situées en climat aride. Les anciennes et célèbres mines de turquoises sont celles du Sinaï, Egypte ; et de Meydan, Khorassan, Iran ; on en trouve également en Chine, dans le sud des Etats-Unis et au Mexique.

Signes distinctifs : Translucide. Bleu-ciel, bleu verdâtre à vert grisâtre. Dureté : 5 à 6. Densité : 2,6 à 2,8. Soluble dans les acides.

AUTUNITE

→ fig. 23, p. 77

$Ca[UO_2|PO_4]_2 \cdot 10H_2O$ quadratique

Excellent minerai d'uranium, l'autunite est fréquente en masses écailleuses micacées, en paillettes en tables carrées se groupant parfois en forme de "selle".

Gisements : C'est le minéral de formation secondaire le plus fréquent des zones d'oxydation des gîtes d'uranium. Les plus beaux cristaux connus viennent de France : Autun, Bessines, Margnac, l'Huis-Jacques et des Etats-Unis : Spokane dans l'état de Washington.

Signes distinctifs : Translucide, jaune intense, jaune vert à jaune pâle. Très fluorescent aux ultra-violet. Dureté : 2 à 2 1/2. Densité : 3,1 à 3,2. Le clivage est parfait. Radioactif. Soluble dans l'acide nitrique.

TORBERNITE (chalcolite)

→ fig. 24, p. 80

$Cu[UO_2|PO_4]_2 \cdot 10H_2O$ quadratique

En masses fibro-écailleuses, en agrégats de rosettes et en cristaux prismatiques courts tabulaires ou lamellaires.

Gisements : Minéral secondaire très répandu dans les zones superficielles d'oxydation des gîtes d'uranium, associé à l'autunite et la malachite. Les belles cristallisations ont été rencontrées à Musonoï Katanga ; aux Bois-Noirs à Saint Priest la Prugue, Loire ; et autrefois à Grummislake) Cornouailles.

Signes distinctifs : Translucide vert-malachite brillant à vert-jaune. Dureté : 2 à 2 1/2. Densité : 3,22. Le clivage est parfait. Radioactive. Soluble dans l'acide nitrique.

PERIDOT

$(Mg,Fe)_2\ [SiO_4]$ orthorhombique

Le représentant le plus connu de cette famille est l'olivine que l'on utilise comme gemme. Ses cristaux sont prismatiques et souvent chargés de facettes terminales.

Gisements : Constituant essentiel de roches basiques : péridotites, gabbros, diabases, basaltes, etc. Les plus beaux cristaux transparents connus viennent de l'île de Zeberget (Saint John) en Mer Rouge ; de Ceylan ; et de Mogok, Birmanie.

Signes distinctifs : Transparent à translucide, vert-jaune à vert bouteille, brunâtre, éclat vitreux. Dureté : 6 1/2 à 7 ; Densité : 3,30. Infusible. Lentement soluble dans l'acide chlorhydrique en laissant un gel de silice.

GRENATS

→ **fig. 25, p. 81**

Silicates d'aluminium avec fe, Mg, Cr ou Ca cubiques

La famille des grenats groupe plusieurs minéraux qui cristallisent dans le système cubique (pyrope, almandin, spessartite grossulaire, andradite et uvarovite). Les cristaux sont le plus souvent dodécaèdriques (12 faces losangiques) ou icositétraèdriques (24 faces), ils sont aussi massifs ou granuleux. Leurs variétés transparentes sont souvent taillées comme gemmes. *L'uvarovite* est le plus rare, couleur vert "malachite" ses plus beaux cristaux ont été trouvés à Otokumpu, en Finlande. *Le pyrope* est rouge foncé. Dureté : 7 1/4. Densité : 3,51 à 3,80 difficilement fusible. Il est associé au diamant d'Afrique du Sud. A

Trébénice, en Bohême, il est exploité depuis des siècles pour la bijouterie.

L'almandin est rouge violacé à rouge vif. Dureté : 7 1/4. Densité : 3,9 à 4,2. Plus fusible que le pyrope en verre noir magnétique, on le trouve dans les schistes cristallins et les gneiss au Zillertal, Autriche ; Fort Wrangel, Alaska, etc. De belles gemmes viennent aussi de l'Inde, de Ceylan et du Brésil.

La spessartite est orangé à rouge brunâtre. Dureté : 7. Densité : 4,18. Fusible en verre noir non magnétique, elle est associée à d'autres gemmes dans les pegmatites et granites de Madagascar et du Brésil.

Le Grossulaire est vert, jaune, orangé, rouge-violacé ou brun. Dureté : 7 1/4. Densité : 3,53. Fusible en verre clair non magnétique. Dans les serpentines et les calcaires métamorphiques. Les pièces de collection viennent de la Vilui, Sibérie ; de Xalostoc, Mexique ; d'Asbestos, Canada ; et de Tanzanie (gemmes de toutes couleurs).

L'Andradite : c'est le grenat le plus commun. Il est brun ou noir. Sa variété limpide vert-vif le *demantoïde* est très recherché comme gemme mais assez rare. Dureté : 6 1/2. Densité : 3,75. Fusible en verre noir magnétique. Dans les roches de métamorphismes de contact et dans les serpentines (Val Malenco, Italie ; et Oural pour le demantoïde).

ZIRCON

$Zr[SiO_4]$ quadratique

Il se rencontre presque toujours en cristaux prismatiques courts parfois bipyramidés.

Gisements : Principal minerai de zirconium. Disséminé comme minéral "accessoire" dans les roches éruptives acides, les syénites néphéliniques et les schistes cristallins. Les plus gros cristaux proviennent des calcaires cristallins et des basaltes. Ampamgabé, Madagascar ; Mud-Tank, Alice Spring, Australie.

Signes distinctifs : Transparent à opaque, vert, brun, rouge, jaune à orangé (bleu ou blanc après chauffage). Son éclat est "adamantin" et sa biréfringence est élevée. Dureté : 7 1/2. Densité : 4,70. Assez fragile, cassure conchoïdale. Infusible, difficilement soluble dans l'acide sulfurique. Taillé, il se distingue du diamant par une dureté moindre et sa biréfringence.

DISTHENE

$Al_2[O|SiO_4]$ triclinique

En masses clivables, en cristaux prismatiques allongés, il est très recherché pour la fabrication des réfractères. Les cristaux transparents sont quelquefois taillés comme gemmes.

Gisements : Dans les gneiss et les micaschistes, associé à l'andalousite. Les plus grands cristaux connus ont été découverts dans la presqu'île de Kola, U.R.S.S. Mais c'est du Pizzo-Forno, Suisse et de Sultan Hamud, Kenya, que viennent les cristaux bleus-vif si recherchés pour leur transparence.

Signes distinctifs : Transparent à translucide. Bleu-vif (cyanite) à vert blanchâtre, grisâtre. Eclat nacré sur le clivage. Dureté : 4 à 7 suivant la direction de la rayure. Densité : 3,60. Clivage facile ; les lamelles sont flexibles. Infusible. Inattaquable aux acides.

TOPAZE

$Al_2[SiO_4](F_2,OH_2)$ orthorhombique

Ses cristaux sont prismatiques et peuvent peser jusqu'à 300 kgs. Les qualités limpides et colorées sont très recherchées comme gemmes.

Gisements : Dans les pegmatites granitiques en association avec la tourmaline, la muscovite, le quartz, l'albite, etc. Les plus grands cristaux viennent du Minas-Gerais, Brésil et de l'Ukraine, de beaux cristaux bleus ont autrefois été produits par la mine de Mursinka, Oural.

Signes distinctifs : Transparente, Incolore, bleu, verte, jaune, rose avec un éclat gras. Dureté : 8. Densité : 3,58. Clivage basal parfait. Infusible, inattaquable aux acides.

STAUROLITE

$AlFe_2O_3(OH) \cdot 4Al_2[O|SiO_4]$ monoclinique

Ses cristaux maclés sont recherchés par les collectionneurs, la "croix de Saint André" est constituée par deux prismes maclés à 120°. La "croisette" très anciennement appelée "macle" dès la fin du XVIIIe siècle, est formée par deux prismes maclés à 90°.

Gisements : Minéral typique des schistes cristallins, associé au disthène à l'andalousite à la cordiérite, ainsi qu'à d'autres minéraux dus au métamorphisme. La staurolite est associée au disthène de Pizzo-Forno, Suisse ; on la rencontre aussi en abondance à Coray, Bretagne ; en Caroline du Nord et au Brésil.

Signes distinctifs : Translucide à opaque. Brun, rouge à brun noirâtre. Dureté : 7 à 7 1/2. Densité : 3,65 à 3,80. Cassure inégale. Infusible, très difficilement attaquable par l'acide sulfurique.

SPHENE (Titanite)

$CaTi[O|SiO_4]$ monoclinique

Ce minéral est fréquent en cristaux tabulaires ou allongés ; souvent maclés en "gouttière".

Gisements : Dans les roches granitiques, les syénites, les trachytes et dans les "fentes alpines" et certaines roches métamorphiques. De grands cristaux ont été trouvés à Greenville, Canada ; c'est de Madagascar, des Alpes et du Brésil que proviennent les cristaux transparents taillés comme gemmes.

Signes distinctifs : Transparent à translucide, vert-jaune à jaune brun, gris noir, et parfois rosâtre. Eclat adamantin. Dureté : 5 à 5 1/2. Densité : 3,40 à 3,55. Assez fragile. Difficilement fusible et difficilement attaquable par l'acide chlorhydrique concentré.

ZOISITE

$Ca_2Al_3O[SiO_4][Si_2O_7](OH)$ orthorhombique

Massive, fibreuse, et en cristaux prismatiques striés verticalement.

Gisements : Minéral métamorphique des amphibolites, éclogites et schistes cristallins riches en hornblende. La zoïzite rose (thulite) vient de Lexwiken, Norvège. Les cristaux transparents grisâtres de Tanzanie deviennent bleus vif après chauffage et sont très recherchés pour être taillés comme gemme.

Signes distinctifs : Transparent à opaque, grisâtre, rouge, rose, vert, jaune, bleuâtre. Dureté : 6 1/2. Densité : 3,25 à 3,35. Fragile avec un clivage parfait.

EPIDOTE

$Ca_2(Fe,Al)Al_2O[SiO_4][Si_2O_7](OH)$ monoclinique

Les beaux cristaux d'épidote sont très appréciés des collectionneurs ; prismes allongés, riches de faces terminales se maclant par accolement. L'épidote se présente aussi en cristaux aciculaires ou en masses grenues.

Gisements : Ses gisements sont variés. Les plus beaux cristaux ont été découverts dans des cavités de roches métamorphiques (skarns, micaschistes, gneiss) au Knappenwald, Autriche ; dans l'île Prince of Wales, Alaska ; et en France dans le Massif du Cornillon, Isère.

Signes distinctifs : Transparent à opaque, vert pistache à vert noir, vert jaunâtre à brun jaune. Le pléochroïsme (plusieurs couleurs) brun-vert s'observe à travers les faces vues en transparence. Dureté 6 à 7. Densité 3,25 à 3,50. Fragile avec un clivage facile.

La Piémontite est une épidote manganésifère brun-rouge trouvée à Saint Marcel du Piémont (d'où son nom).

AXINITE

$Ca_2(Fe,Mn)Al_2(BO_3)(OH)[Si_4O_{12}]$ triclinique

Ce minéral assez rare mais très recherché par les collectionneurs doit son nom à la forme acérée de ses cristaux.

Gisements : Associé à l'épidote et au quartz dans les zones de métamorphisme de contact du granite sur des séries calcaires. Les pièces de collection qu'on voit dans les musées viennent des fentes alpines : Bourg-d'Oisan, Isère ; Scopi, Suisse ; également du pic d'Espade, Pyrénées ; de Toroku, Japon ; et du Minas Gerais, Brésil.

Signes distinctifs : Transparent à opaque, brun-violet à violet pâle, brun-jaune, verdâtre. Dureté : 6 1/2 à 7. Densité 3,28. Fragile.

TOURMALINES

→ fig. 26, p. 84

Borosilicates complexes (avec Na, Mg, Fe, Li, Al)
rhomboédriques

Les tourmalines transparentes sont des gemmes très recherchées, leurs cristaux prismatiques striés en long peuvent dépasser 1 mètre et possèdent des terminaisons de forme différente aux deux extrémités. Les prismes ont souvent des sections triangulaires.

Gisements : Minéraux des pegmatites granitiques associés au feldspath, à la lépidolite, au quartz, au béryl et à la topaze. Les plus belles tourmalines viennent des pegmatites du Brésil, de Californie, de Madagascar et du Mozambique.

Signes distinctifs : Transparent à opaque. Incolore ou de couleur parfois somptueuse : rouge-vif (rubellite), pourpre, bleu (indicolite), vert, jaune, brun à noir. Les cristaux peuvent être polychromes avec des couleurs souvent réparties en zones et montrant une symétrie ternaire dans les sections prismatiques. Les cristaux peuvent encore présenter une extrémité noire, verte ou bleue et l'autre extrémité rose, rouge avec une zone intermédiaire moins colorée. Dureté : 7 1/2. Densité : 3 à 3,30. Insoluble dans les acides.

DIOPTASE

→ fig. 27, p. 85

$Cu_6[Si_6O_{18}] \cdot 6H_2O$ rhomboédrique

Ce silicate de cuivre est assez rare et ses cristaux sont très appréciés des collectionneurs. Prismatiques, souvent surmontés par trois faces du rhomboèdre, ils ne dépassent que rarement 3 cm.

Gisements : Dans les zones d'oxydation des gîtes de cuivre, associé à la planchéïte, la cuprite, le quartz, la calcite. Les gisements les plus connus sont ceux de la région de Renéville, République du Congo et du Tsumeb, Namibie.

Signes distinctifs : Transparente à opaque. Vert d'émeraude à vert bleuté. Dureté : 5. Densité : 3,28 à 3,35. Fragile avec un clivage parfait.

DIOPSIDE

→ fig. 29, p. 89

$(Ca,Mg)[Si_2O_6]$ monoclinique

Ce silicate appartient au groupe des pyroxènes. Ses cristaux prismatiques ont une section presque carrée, il est également aciculaire et en masses lamellaires ou grenues.

Gisements : Constituant de roches basiques et ultrabasiques : pyroxénites, péridotites, gabbros, diabases, il se rencontre aussi dans les skarns, les micaschistes et les fentes alpines. Les associations diopside-grenat du Val d'Ala, Piémont, comptent parmi les plus belles associations minérales. De beaux cristaux ont également été trouvés dans l'Etat de New-York ; au Baïkal, Sibérie ; à l'Alpe Schwarzenstein, Autriche et à Madagascar.

Signes distinctifs : Transparent à translucide, incolore, jaunâtre à grisâtre, vert foncé à vert bouteille. Dureté 5 1/2. Densité : 3,20 à 3,38. Ses clivages prismatiques forment un angle de 87° qui permet de le différencier des amphiboles dont l'angle de clivage est de 124°.

JADEITE

$NaAl[Si_2O_6]$ monoclinique

Très rare en cristaux, ceux-ci sont en général très petits. Elle est le plus souvent en masses très tenaces grâce à l'extrême enchevêtrement des fibres qui la constituent, ce qui lui vaut d'être recherchée depuis l'Antiquité pour la fabrication d'objets ornementaux. Le principal gisement est celui de Tawmaw en Birmanie. Translucide. Blanc, vert, jaune, mauve, jaune. Dureté : 6 1/2 à 7. Densité : 3,3 à 3,5 ; très solide. Cassure écailleuse.

RHODONITE

$CaMn_4[Si_5O_{15}]$ triclinique

Les belles masses roses veinées de noir sont utilisées comme gemmes ornementales. Les cristaux sont habituellement tabulaires.

Gisements : Mineral des gîtes hydrothermaux ou de contact. Les cristaux viennent de Franklin Furnace, New-Jersey et les masses ornementales de l'Oural, Madagascar et de l'Australie.

Signes distinctifs : Transparent à translucide. Rouge rose à rose pâle, brunâtre, jaunâtre. Dureté : 5 1/2 à 6 ; Densité : 3,40 à 3,68. Clivable.

SPODUMENE

$LiAl[Si_2O_6]$ monoclinique

En masses lamellaires ou en cristaux parfois très gros (plusieurs mètres). Les spodumènes roses *kunzite* sont recherchés comme gemmes.

Gisements : Minéral des pegmatites granitiques associé au béryl, à la tourmaline, au feldspath et au quartz. Les belles gemmes viennent du Minas Gerais, Brésil ; de Californie et du Pakistan.

Signes distinctifs : Transparent à translucide. Incolore à jaune, rose, vert vif. Dureté : 6 1/2 à 7. Densité : 3,15 à 3,20. Un clivage facile le rend fragile.

ACTINOTE

$Ca_2(Mg,Fe^{\cdot\cdot})_5[Si_8O_{22}(OH)_2]$ monoclinique

C'est l'amphibole la plus connue des collectionneurs. En masses fibreuses enchevêtrées très tenaces *jade-néphrite* ou en agrégats de prismes allongés parallèles ou radiés. Les jades sont recherchés depuis l'Antiquité pour la fabrication d'objets rituels ou ornementaux.

Gisements : Minéral des schistes cristallins et des talcs-schistes, qui provient aussi de l'altération des pyroxénites, des gabbros et dialages. La localité la plus classique pour les cristaux est le Zillerthal, Autriche. Les néphrites viennent de Chine ; de nouvelle Zélande ; de Sibérie ; du Turkestan ; de Taï wan ; et de l'Alaska.

Signes distinctifs : Transparent à translucide ; vert à vert-noir. Dureté : 5 à 6. Densité 3 à 3,2. Les clivages des monocristaux sont prismatiques et forment un angle de 124°.

MICAS monocliniques

Les minéraux de ce groupe ont tous un clivage parfait facile qui leur donne une texture feuilletée caractéristique. Leurs cristaux à contours hexagonaux peuvent parfois atteindre plusieurs mètres et se laisser réduire en lames minces flexibles et élastiques très recherchées par l'industrie.

La **muscovite** $KAl_2[AlSi_3O_{10}](OH,F)_2$, transparent à translucide, incolore, grisâtre, jaune à verdâtre. Constituant essentiel des granites, des greisens, des micaschistes, des phyllites etc. Dureté 2 à 2 1/2. Densité : 2,76 à 3. Ses gisements sont nombreux : Inde, Oural, Canada, Etats-Unis, Brésil, Mozambique. La *fuchsite* vert-vif est une muscovite chromifère.

La **biotite** $K(Mg,Fe,Mn)_2[AlSi_3O_{10}](OH,F)_2$ est le mica le plus répandu. Transparent à opaque brun à vert-foncé, noir. Constituant des granites, syénites et diorites, on la rencontre aussi dans les gneiss, les schistes et dans quelques roches métamorphiques. Dureté : 2 1/2 à 3. Densité : 2,7 à 3,1. Les cristaux recherchés pour les collections viennent du Brésil et des Etats-Unis.

La **lépidolite** $KLi_2Al[Si_4O_{10}](F,OH)_2$ est commune en agrégats écailleux. Transparent à translucide. Rose à violet pâle, verdâtre. C'est le mica des pegmatites riches en fluor souvent associé à la topaze, à la tourmaline et aux feldspaths. Dureté : 2 1/2 à 3. Densité : 2,8 à 3,3. De beaux exemplaires viennent du Brésil, du Mozambique, des Etats-Unis et de Madagascar.

APOPHYLLITE

$KCa_4[F(Si_4O_{10})_2] \cdot 8H_2O$ quadratique

Recherchée pour les collections, l'apophyllite cristallise en prismes pseudo-cubiques ou tabulaires.

Gisements : Dans les cavités des roches basaltiques associée à la stilbite, la scolécite, la heulandite. Les pièces les plus recherchées des collectionneurs viennent de Poona, Inde ; et du Tunnel Das Antas, Rio Grande do Sul, Brésil.

Signes distinctifs : Transparente à translucide. Incolore, verte, rose, jaune avec éclat nacré sur le clivage. Dureté : 4 1/2 à 5. Densité : 2,3 à 2,4. Le clivage est parfait.

BERYL

$Al_2[Be_3Si_6O_{18}]$ hexagonal

Les variétés transparentes du béryl sont très recherchées comme gemmes et les cristaux pierreux comme minerai de béryllium, leur forme est prismatique à section hexagonale parfois surmontée par de multiples facettes terminales ou par une seule face hexagonale.

Gisements : Minéral des pegmatites granitiques associé à la tourmaline, la topaze, au quartz et à l'orthose. Les béryls gemmes viennent du Minas Gérais, Brésil ; de l'Oural, U.R.S.S. ; de Madagascar. Le béryl chromifère *"émeraude"* a un mode de formation distinct des autres béryls, les plus importants gisements sont en Colombie où l'émeraude est associée à la calcite, la pyrite et à la parisite (carbonate de lanthane, assez rare).

Signes distinctifs : Transparent à opaque. Incolore, rose *"morganite"*, bleu *"aigue-marine"*, jaune *"héliodore"*, vert-vif *"émeraude"*. Dureté : 7 1/2. Densité : 2,68 à 2,88. Insoluble et infusible.

CORDIERITE

$Mg_2[Al_4Si_5O_{18}]$ orthorhombique

Souvent massif ou grenu, ce silicate est plus rare en cristaux. Ceux-ci sont prismatiques et ne sont pas très riches de formes. Les qualités transparentes de couleur bleue sont taillées comme gemmes.

Gisements : Dans les gneiss, les schistes cristallins et dans certaines laves et roches métamorphiques. Les gemmes viennent de Madagascar et de Ceylan.

Signes distinctifs : Transparent à translucide presque opaque. Grisâtre, bleu à bleu-violacé, verdâtre. Montre un très fort polychroïsme bleu-vif, bleu-gris et gris-jaunâtre qui s'observe suivant trois directions se coupant à 90°. Dureté : 7 à 7 1/2. Densité : 2,6 à 2,7. Difficilement fusible et difficilement soluble dans les acides.

FELDSPATHS

Ce sont les minéraux les plus répandus et ils constituent plus de la moitié de l'écorce terrestre. On les divise en deux groupes : les feldspaths potassiques (orthose, microcline, etc.) et les feldspaths calco-sodiques ou plagioclases (albite, labradorite, anorthite, etc.).

L'**orthose**, $K[AlSi_3O_8]$ monoclinique, transparente, incolore à jaune, blanche ou grise et opaque. Dureté : 6. Densité : 2,56. Clivage net. Constituant des granites, des syénites et des trachytes. Des cristaux prismatiques de plusieurs tonnes ont été rencontrés dans des pegmatites granitiques du Minas-Gerais, Brésil. L'orthose est utilisée par l'industrie verrière et céramique.

Le **microcline** $K[AlSi_3O_8]$ triclinique, translucide à opaque, blanc à gris, vert pâle à vert vif = *amazonite.* Dureté : 6. Densité : 2,55 à 2,62. Clivage net. Constituant des granites, syénites, granodiorite, le microcline est lui aussi recherché par l'industrie verrière et céramique. C'est dans des pegmatites granitiques du Minas Gerais, de Madagascar et du Colorado qu'ont été rencontrées les plus belles amazonites connues en cristaux de plusieurs décimètres.

L'**albite** $Na[AlSi_3O_8]$ triclinique, transparente et incolore à blanc opaque ou grisâtre. Dureté : 6 à 6 1/2. Densité : 2,60 à 2,63. Clivage net. Ses cristaux sont souvent tabulaires. Constituant des granites, rhyolites, andésites syénites. On la rencontre également dans des gneiss, des schistes cristallins, etc. Les pièces recherchées par les collectionneurs viennent de Suisse, du Tyrol autrichien et du Brésil.

La **labradorite** $(Na,Ca)[AlSi_3O_8]$ triclinique, se rencontre surtout en masses lamellaires présentant souvent de très vives irisations colorées. Dureté : 6 à 6 1/2. Densité : 2,69 à 2,72. Constituant des gabbros, basaltes, norites, diorites, etc. Les belles variétés irisées viennent de Saint-Paul sur les côtes du Labrador.

SODALITE

$Na_8[(Cl_2)(AlSiO_4)_6]$ cubique

Souvent massive, les belles qualités homogènes et bleues sont très utilisées comme gemmes ornementales. Rare en cristaux (dodécaèdres).

Gisements : Dans les syénites et les laves sodiques (Vésuve ; Iles de Los, Guinée). Les masses bleues viennent d'Afrique du Sud ; du Minas Gerais et du Canada.

Signes distinctifs : Transparente à translucide. Incolore à jaune, rose, bleu-vif. Dureté : 5 1/2 à 6. Densité : 2,40 à 2,50. Facilement fusible en un verre incolore. Attaquable par les acides concentrés avec formation de gelée de silice.

LAZURITE

$(Na,Ca)_8[(SO_4,S,Cl)_2\ (AlSiO_4)_6]$ cubique

Ses cristaux comptent parmi les pièces les plus recherchées par les collectionneurs (dodécaèdres). C'est le constituant essentiel du Lapis-Lazuli, roche d'ornementation utilisée depuis 6 000 ans.

Gisements : Dans certaines roches calcaires, associé à la pyrite au contact de roches alcalines. Les qualités recherchées pour la bijouterie viennent d'Afghanistan ; du Lac Baïkal et du Chili.

Signes distinctifs : Opaque, bleu-roi à bleu foncé violacé. Dureté : 5 1/2 à 6. Densité : 2,40 à 2,45. Difficilement fusible. Même réaction aux acides que pour la sodalite.

NATROLITE

→ fig. 30, p. 92

$Na_2[Al_2Si_3O_{10}] \cdot 2H_2O$

SCOLECITE

$Ca[Al_2Si_3O_{10}] \cdot 3H_2O$ orthorhombiques

Ces deux minéraux cristallisent en prismes allongés très souvent radiés.

Gisements : Minéraux de formation secondaire dans les cavités de roches volcaniques. Les natrolites qu'on peut voir dans les musées français ont été trouvées au siècle dernier dans les carrières de basalte du Puy-de-Marman, Puy-de-Dôme. Les plus gros cristaux connus ont été rencontrés à Kolshy, U.R.S.S. La scolecite est plus fréquente. C'est à Poona, Inde et au Tunnel Das-Antas, Rio Grande do Sul, Brésil, qu'ont été trouvées les plus belles pièces de collection, la scolecite y est associée à l'apophyllite à la stilbite et à la heulandite dans les cavités d'un basalte.

Signes distinctifs : Incolores et transparentes à translucides blanchâtres. Dureté : 5 à 5 1/2. Densité : 2,15 (scolecite) à 2,25 (natrolite). Leur clivage est parfait. La natrolite est fusible à la flamme d'une bougie. La scolecite est plus difficilement fusible. Toutes deux sont solubles dans les acides en laissant un gel de silice.

STILBITE

→ fig. 31, p. 93

$Ca[Al_2Si_7O_{18}] \cdot 7H_2O$ monoclinique

Ce silicate du groupe des zéolites est lamellaire, globulaire, en agrégats fibro-radiés et en cristaux aplatis qui forment souvent des groupements "en éventail".

Gisements : Minéral secondaire fréquent dans les cavités des roches basaltiques. De belles cristallisations ont été trouvées associées à la calcite et à d'autres zéolites à Teigarhorn, Islande ; à Poona, Inde et au Tunnel Das-Antas, Brésil, associées à d'autres zéolites et à l'apophyllite.

Signes distinctifs : Transparente à opaque, incolore, blanche, rose à rouge, grise avec un éclat nacré sur le clivage qui est facile. Dureté : 3 1/2 à 4. Densité : 2,1 à 2,2 ; soluble sans gelée dans les acides.

HEULANDITE

→ fig. 32, p. 91

$Ca[Al_2Si_7O_{18}]6H_2O$ monoclinique

Lamellaire, massive, cette zéolite est aussi fréquente en cristaux très bien formés.

Gisements : Minéral de formation secondaire fréquent dans les cavités des roches basaltiques et des roches métamorphiques. Les plus beaux cristaux connus dans les collections proviennent de Teigarhorn, Islande (cristaux blancs nacrés associés à la stilbite) et de Fort Patrick, Ecosse (cristaux rouge-brique).

Signes distinctifs : Transparente à translucide. Incolore, blanche, rose, rouge-brique avec un éclat très nacré sur le clivage. Dureté : 3 1/2 à 4. Densité : 2,18 à 2,22. Clivage facile. Soluble dans les acides avec dépôt de silice pulvérulente.

Glossaire

Acide (roche)	se dit pour les roches qui contiennent plus de 65 % de SiO_2
Amorphe	qui n'a pas de forme régulière et déterminée.
Basalte	Roche volcanique basique formée de plagioclase, de pyroxène et parfois d'olivine.
Basique (roche)	Se dit pour les roches qui contiennent moins de 45 % de SiO_2
Cémentation (minéraux de)	Se dit des minéraux déposés à la limite inférieure de la zone d'oxydation des gites métallifères.
Clivage	Propriété qu'ont certains cristaux de se laisser diviser en lames suivant des plans privilégiés.
Conchoïdale	Se dit d'une cassure qui ressemble à une coquille.
Diorite	Roche éruptive composée de feldspath et d'amphibole.
Ductile	Se dit d'un métal qui peut être étiré en fil.
Etat natif	Se dit d'un corps simple trouvé non combiné chimiquement dans une mine ou à la surface du sol, ex. : Or natif.
Evaporite	Gisement formé par le dépôt de certains minéraux (sulfates, chlorures, carbonates) lors de l'évaporation d'eaux lagunaires.
Filon	Remplissage par divers minéraux de fractures de l'écorce terrestre. Beaucoup de sulfures sont filoniens.
Fumerolles	Emanations de gaz volcaniques qui déposent parfois des minéraux (soufre, chlorures, sulfates).
Gabbros	Roche formée de plagioclase, de pyroxène et parfois d'olivine.

Gneiss	Roche métamorphique de même composition que le granite mais dont les éléments sont orientés et disposés en lits donnant à la roche un aspect gris zébré de bandes sombres (micas).
Granite	Roche composée de quartz, feldspath et mica.
Hydrothermal	Se dit d'un filon déposé par l'activité d'eaux thermales.
Inclusions	Fluides ou minéraux microscopiques existant dans les cristaux, ex. : inclusion de rutile dans le quartz.
Malléable	Se dit d'un métal susceptible d'être façonné en lames minces par martelage ou laminage.
Métamorphisme	Modification physique et chimique d'une roche. Le métamorphisme de contact s'accomplit entre des magmas éruptifs et des roches qu'ils traversent en les modifiant sur une certaine épaisseur.
Micaschiste	Roche métamorphique finement feuilletée formée de quartz et de mica. Elle se débite en lamelles très minces.
Occurences	Localités où l'on rencontre certains minéraux.
Pegmatite	Roche à gros éléments. Les pegmatites granitiques ont la composition des granites et certains de leurs cristaux constituants peuvent mesurer plusieurs mètres.
Pépite	Masse de métal natif. Ex. : pépite d'or.
Phyllite	Roche composée de minéraux phylliteux (argiles, etc.).
Réticulé	Assemblage de motifs disposés en réseau. Ex. : cristaux réticulés de cuivre.
Sectile	Qui se laisse couper.
Stalactites	Concrétions minérales formées par l'action de l'eau ou par d'autres fluides qui les déposent en s'évaporant.
Syénite	Roche formée de feldspath, de mica et d'amphibole et quelquefois définie comme un granit sans quartz.
Travertin	Roche formée par des dépôts calcaires.
Ultrabasique	Se dit pour les roches pauvres en SiO_2 (35 à 45 %).

IMPRIMERIE LOUIS-JEAN – 05002 GAP Dépôt légal 182-1978